岸线资源调查与评价丛书

# 浙闽沿海岸线资源评价与利用管控研究

段学军　闵　敏　杨清可　康珈瑜　著

科学出版社

北　京

# 内 容 简 介

　　海岸线资源评估与利用管控研究是当前国土资源管理工作的重要课题。本书详细介绍浙闽区域发展与空间发展战略，分析海岸线生态安全与开发利用问题，总结海岸线资源调查与评估方法，开展浙闽沿海岸线资源评价、沿海岸线资源开发功能分区与管控研究，并选取典型案例，对城市海岸线资源利用、区域土地利用与生态环境保护、海岸线开发与保护战略布局等内容进行深入分析。基于此，提出海岸线资源管理经验及对策建议。

　　本书可供政府管理和决策部门在工作实践中使用，也可供经济地理学、土地资源管理与资源环境学等领域的研究人员和高等院校师生参考阅读。

**审图号：浙 S(2023)5 号**

---

**图书在版编目（CIP）数据**

浙闽沿海岸线资源评价与利用管控研究/段学军等著. —北京：科学出版社，2023.5
　（岸线资源调查与评价丛书）
　ISBN 978-7-03-075581-0

　Ⅰ.①浙… Ⅱ.①段… Ⅲ.①海岸线–资源利用–空间规划–研究–浙江②海岸线–资源利用–空间规划–研究–福建 Ⅳ.①P737.11

　中国国家版本馆 CIP 数据核字(2023)第 089791 号

责任编辑：周　丹　沈　旭/责任校对：郝璐璐
责任印制：师艳茹/封面设计：许　瑞

科 学 出 版 社 出版
北京东黄城根北街 16 号
邮政编码：100717
http://www.sciencep.com

**北京九天鸿程印刷有限责任公司** 印刷

科学出版社发行　各地新华书店经销
*
2023 年 5 月第 一 版　开本：720×1000　1/16
2023 年 5 月第一次印刷　印张：11 1/2
字数：232 000
定价：119.00 元
（如有印装质量问题，我社负责调换）

# 前　言

　　海岸线资源是海岸向海陆两侧扩展到一定宽度的国土空间资源，同时是海陆之间相互作用的重要过渡地带，由相互之间影响密切的近岸海域及滨海陆地组成。海岸线是人类活动的集中区、环境变化的敏感区和生态交错的脆弱带，也是海洋经济发展的重要载体。由于其地理位置的独特性，海岸线在政治、经济、社会、军事等方面均具有很强的战略地位。现今，世界上人口在 1000 万人以上的 16 个大城市中有 13 个是沿海城市，距离海岸 100 km 之内的居住人口达 60%以上。在我国，大部分发达城市也都集中于沿海地区，占国土面积 15%的沿海地区承载着40%以上的人口、55%的经济总量和 70%的大中城市。

　　我国拥有 1.8 万多千米的大陆海岸线，海域面积达到 473 万 km$^2$，是一个海洋大国。海洋经济已经成为带动中国经济快速增长的重要引擎。在"十三五"期间，我国海洋经济的年均增长速度为 9.4%，远高于同期国民经济的增长速度。在2019 年，我国海洋生产总值达到 8.9 万亿元，占国内生产总值的 9%。海岸线空间是我国经济发展的增长极。

　　与此同时，海岸线空间亦是生态环境脆弱的地理单元。一方面，大陆、海洋的互相作用引起海岸线地理过程及地理要素产生较大的变化，从而使生态环境变得脆弱；另一方面，人口逐渐向沿海区域聚集，沿海地区的人口密度、开发强度将会接近区域承载能力，而在缺乏合理的海岸线资源开发利用管理制度的约束下，海岸线资源无法得到有效保护和充分利用，这又加剧其生态环境脆弱性。我国近期对海岸线资源的无序、粗放式大规模开发引起了诸多问题，如大规模的填海造地活动导致我国自然岸线比例不断降低，过度利用海岸，弯曲的自然岸线被人为拉直，无序的围海养殖导致近岸海域生态环境恶化等。从海岸线空间资源利用角度看，可供开发的海岸线和近岸海域后备资源不足，开发布局的不合理性给沿海地区经济的可持续发展和海岸线资源的合理利用带来巨大压力。

　　根据我国大陆海岸线遥感解译结果，与 1990 年相比，2015 年大陆自然岸线锐减了 31.94%，海岸线开发强度不断增强，在为沿海地区经济建设和人口增长提供了发展和生存空间的同时，也带来了生态退化、环境恶化、资源衰退等问题。因此，在最大限度保护自然岸线原有形态及生态功能完整性的基础上，强化岸线规划与引领作用，强化海陆空间功能定位，明确岸线、海域、陆域空间的保护和发展重点，统筹海陆空间的保护利用，实现海陆空间统筹发展、协调布局、互惠互利、共建共赢显得迫切而重要。浙江和福建两省作为我国经济发达的沿海省份，其地貌特征以山地为主，平原面积狭小，人口和工业主要集中在沿海地区，海岸线资源利用情况复杂，具有一定的典型性，对其海岸线资源进行综合评价和利用管控具有重大实践意义。

在此背景下，通过开展浙闽沿海岸线资源调查与评估工作，摸清浙闽沿海岸线资源利用情况，并开展海岸线资源功能分区和空间管控设计工作，构建浙闽沿海岸线资源数据库，可为相关的国家部委和地方政府海岸线资源管理提供技术与数据支撑。本书利用高清遥感影像、实地调查、时空数据库构建等手段，以岸线及后方陆域是否有大规模开发利用活动为标准，对海洋不同类型的岸线进行数字化提取，得出浙闽沿海岸线资源的资源本底和开发利用情况；通过岸线空间叠置分析和开发适宜性分析，开展重点岸线资源综合评价，进行问题岸段识别和空间定位，分析岸线资源保护和开发利用中存在的突出问题，进而总结未来浙闽沿海岸线资源开发与保护的重点及空间结构布局优化方向；基于岸线资源本底、开发利用现状、环境生态存在问题和岸线保护需要，充分衔接相关岸线规划及已有成果，对海岸线资源进行管控分区，并提出有针对性的空间管控要求。

本书力求理论方法先进、数据资料完善，但由于时间紧迫、涉及面广、问题复杂，加之编者水平有限，书中难免有不足之处，恳请广大读者批评指正，以便于在后续的工作中加以改进。

作　者

2022 年 7 月

# 目　　录

# 第1章　海岸线资源综合评价的理论与技术

## 1.1　海岸线开发与保护的研究背景

海岸线是海陆交互作用的特殊地带，拥有丰富的资源，为人类社会的可持续发展提供了强大的物质基础。它是沿海城市水产养殖、农业生产、港口建设的重要基地，也是开发海洋、发展海洋产业的宝贵财富。随着我国社会经济的不断发展，城镇扩张和产业发展对海域资源索取加重，海岸线的地表景观及其利用形式经历了剧烈快速的变化，海岸线资源环境也发生了显著变化（Duan et al., 2021; 张云等, 2019）。

国内学者围绕海岸线的开发与保护问题开展了丰富的研究，主要集中在海岸线空间位置提取技术（冯永玖和韩震, 2012; 王李娟等, 2010; 吴良斌, 2013; 张永军等, 2010）、海岸线时空演变特征（宫立新等, 2008; 徐进勇等, 2013; 朱国强等, 2015）、海岸线利用现状及存在的问题（程鹏, 2018; 刘永超等, 2016）、围填海工程的生态补偿（马田田等, 2015; 索安宁等, 2012; 徐彩瑶等, 2018）、海域使用权管理制度现状及存在的问题（李亚宁等, 2014; 王曙光等, 2008; 周艳荣等, 2011）等方面。近年来，随着海岸线资源节约和生态保护意识的增强，针对已有工作对海岸线资源生态功能价值和海岸线开发的生态环境影响等研究不够深入的局限，学术界对海岸线资源生态功能、环境功能及休憩旅游功能也有所关注，并初步探讨了高分遥感、地理信息系统、数学模型等在海岸线资源调查中的应用（陈洪全, 2010; 褚琳等, 2015; 慎佳泓等, 2006）。目前，国内外专门、系统且全面的关于海岸线资源价值评估的研究并不多见，海岸线资源价值综合评价理论及方法尚欠缺且不成熟。因此，总结借鉴当前已有的自然资源价值评价理论，建立并发展海岸线资源价值综合评价理论与方法，从而实现海岸线资源科学管理，显得尤为必要。

## 1.2　海岸线开发与保护的研究进展

### 1.2.1　海岸线时空变化及其驱动力

#### 1. 海岸线时空变化

海岸线变化特征包括岸线长度消长、形态演化、位置变迁、利用类型转移、岸线所围陆海空间更替等；另外，通过各种指数定量计算海岸线形态稳定性、开发强度、分形特征等的研究也越来越多。总结当前研究,主要分为定性和定量两种分析方法。定性分析主要是通过地图叠加以认知岸线的位置、形态变化,主观性较强,精度较低;定量分析则是通过具体的数值统计量,如面积、岸线变化速率等来定量描述岸线的时空变化特征。例如,徐进勇等(2013)从岸线开发强度和分形维数两方面分析了中国北方三省一市的岸线时空变化特征;张云等(2015)提出岸线稳定性概念,通过计算岸线向海推进或向陆后退的水平距离构建岸线稳定性指数模型,分析了 1990 年以来中国大陆岸线的稳定性特征;高义等(2011)以 DEM 为基础,并参照卫星影像,提取了不同比例尺下中国大陆海岸线,从海岸地质构造特征和海岸类型角度出发,对我国大陆海岸线整体、沉降隆起岸段和不同类型海岸尺度效应进行了分析,并探讨了引起尺度效应差异的地理环境因素。

### 2. 海岸线变化的驱动力

海岸线变化的驱动因素主要包括全球气候变化和人类活动两种。其中,全球气候变化是海岸线发生变化的重要因素,包括海平面上升速度加快(Ashton et al., 2008)、海洋温度升高(Manson and Solomon, 2007)、季风洋流模式变化(Scavia et al., 2002)、降水改变及随后的河流沉积物运移变化(Dominguez et al., 2006)、近岸波浪系统及风暴潮变化(Blue and Kench, 2017)等。人类活动对海岸线位置、形态及类型均有显著的影响,这些影响的速率要远大于自然因素,且造成的后果往往是不可逆的。围海养殖、围垦湿地、港口码头建设和丁坝突堤建设等人工围填海是海岸线极速变化的主要原因。

全世界一半以上的人口生活在沿海约 60 km 的范围内,人口在 250 万人以上的城市有 2/3 位于潮汐河口附近(骆永明,2016),人地矛盾日益突出,大规模的围填海活动是解决这一问题的有效途径之一。然而,围填海活动严重改变了海岸线位置、形态及类型,在原位环境被彻底代替的同时,生态环境受损恶化,社会发展遭受威胁。例如,中国是近年来围填海活动十分活跃的国家,Hou 等的研究指出,自 20 世纪 40 年代初以来,超过 68% 的中国大陆岸线表现为向海扩张,陆地面积净增加近 1.42 万 $km^2$,自然岸线保有率从 20 世纪 40 年代的 81.70% 下降至 2014 年的 32.92%,人工围填海是主要的原因;马田田等(2015)定量化评估了中国围填海活动对滨海湿地的影响,指出大规模围填海活动导致滨海湿地持续减损、湿地生物栖息地的丧失和滨海湿地生态系统功能的退化,严重削弱了滨海地区可持续发展的资源基础。

## 1.2.2　海岸线变化的自然与社会效应

### 1. 近海岸自然资源对岸线变化的响应

受高强度围填海及入海泥沙骤减等影响，滨海湿地损失退化尤为严重，主要表现为生物岸线和湿地岸线减少明显（He et al., 2014; Qiu, 2012; Sun et al., 2015）。自然岸线资源减少、自然岸线保有率逐年下降和砂质岸线侵蚀加剧是岸线资源受损的主要体现（Lie et al., 2008; Stanley and Warne, 1998; Yang et al., 1998）。近海生物资源减少、岸线后退与固化背景下，近海水质降低和底泥环境被污染，水生、底栖生物生存空间及生存条件发生巨变，导致生物栖息地损失，底栖环境恶化，鱼类产卵场、索饵场、越冬场和洄游通道受损（Kowalski et al., 2009; 李晓炜等，2018; 袁兴中和陆健健，2001）。

### 2. 近海岸自然环境对岸线变化的响应

海岸线变化往往伴随近海岸水动力及沉积环境改变（Jia et al., 2018; Kang, 1999; 陈金瑞和陈学恩，2012）。近海岸水质与底泥环境恶化：围填海工程降低了近海水交换能力和污染自净能力，同时陆源污染物入海量增加，导致近岸水质降低与底泥环境污染并持续恶化。近海岸自然景观环境受损：粗放的海岸带开发与利用在改变海岸线位置、形态的同时，往往会导致高生态级别景观转为低生态级别景观，以及景观破碎度的增加和优势度的下降，还会伴随出现景观生境质量指数减小、生境质量下降、景观多样性改变、滨海景观连通性降低等若干问题（褚琳等，2015; 刘永超等，2016）。

### 3. 近海岸生态系统对岸线变化的响应

生态系统服务功能衰退、服务价值降低：红树林、珊瑚礁、滨海湿地等具有固碳、净化空气、固岸护堤、削减波浪、防风减灾、旅游等生态服务功能（Ferrario et al., 2014; Yang et al., 2018），随着生物岸线的侵蚀与人工化，这些生态服务功能均受损严重，生态服务价值不断降低（Sun et al., 2017; Wang et al., 2010; 索安宁等，2012）。

生物多样性与群落结构改变：由于人类与气候因素的影响，近岸水动力环境、底泥沉积物特性、潮滩高程、近海水质等条件的改变均对近岸生物多样性和生物群落结构造成很大的负面影响（慎佳泓等，2006; 徐彩瑶等，2018; 张斌等，2011）。例如，受湿地围垦的影响，植物群落会发生由滩涂植被群落到陆生灌草群落再到由乔木组成的复杂植被群落的演变历程，动植物优势种发生演替，生物多样性也会不断变化，如果围垦后土地发展为不透水的建设用地，原位的自然生境演替将被彻底阻断,原有生态系统则会随之消失。

4. 近海岸社会经济对海岸线变化的响应

海岸线在自然和人为两大因素的共同驱动下,一方面表现为自然岸线的侵蚀与受损,另一方面则表现出人工岸线的迅速扩张,这均会对近海岸社会经济产生显著影响。海岸线变化导致或伴随出现的环境污染恶化,生态系统破碎与衰退,使海岸带生态安全问题日益突出,居民生活质量下降(Han et al., 2006; 崔胜辉等,2004)。岸线侵蚀、土地资源流失、土地质量下降、生物资源减少导致土地承载力降低,海洋渔业、盐田产业、滨海旅游等收益下降,社会劳动力集中剩余,沿海城镇化建设与发展受阻(刘杜娟,2004)。风暴潮、赤潮、大型藻类暴发、海水入侵与土壤盐渍化等海岸带灾害会使海岸线的位置与形态在短时间内发生强烈的变化,并严重威胁居民生命与财产安全,间接或直接造成巨大的社会经济损失(Hu et al., 2014)。

### 1.2.3 海岸带综合管理

1965 年旧金山湾保护与发展委员会成立,海岸带综合管理出现并开始发展(范学忠等,2010)。1992 年,在联合国环境与发展会议通过的《21 世纪议程》中正式提出了海岸带综合管理(integrated coastal zone management,ICZM)的概念与框架,沿海国家开始对海岸带地区及其管辖的海域进行资源与环境的综合管理(Gibson, 2003)。1993 年,世界海岸带会议(WCC)在荷兰召开,ICZM 的理论机制与政策措施被详细论述,要求在 2000 年之前制定并实施 ICZM 战略规划(Ducrotoy and Pullen, 1999)。世界上主要沿海国家中,美国、韩国、英国及新西兰等均有专门的海岸带管理法,中国的 ICZM 实践始于 1994 年,以厦门成立海岸带综合管理示范区为标志,此后出台了多项法律及专项管理办法,以不断完善海岸带的综合管理。

在全球气候变化与沿海社会经济迅速发展背景下,海岸线位置、形态与结构均发生了剧烈的变化,导致或伴随出现了各种陆海社会、经济、生态环境与管理等方面的问题,这就要求海岸带综合管理思想与方法也要不断发展完善,以适应海岸带复杂的陆海社会与自然环境。以中国为例,在海岸线剧烈变化等背景下,2016 年国家海洋局印发《关于全面建立实施海洋生态红线制度的意见》,提出了海洋生态红线区面积、大陆自然岸线保有率、海岛自然岸线保有率、海水质量 4 项管控指标,以及严控开发利用活动、加强生态保护与修复、强化陆海污染联防联治 3 类管控措施。为保障《关于全面建立实施海洋生态红线制度的意见》的落实,2017 年国家海洋局发布《海岸线保护与利用管理办法》,2018 年国务院印发《关于加强滨海湿地保护严格管控围填海的通知》(国发〔2018〕24 号),强化了海岸线保护和整治修复的措施与要求,加大了海岸线节约利用的约束力度,进一步完善了围填海总量管控,加快处理围填海历史遗留问题,"蓝色海湾""南红北柳""生态岛礁"等重大生态修复工程逐步开展(张玉新和侯西勇,2020)。

## 1.3　海岸线资源的概念内涵

从地理学角度讲,海岸线是海洋与陆地的分界线(海陆分界线),更确切的定义是海水到达陆地的极限位置的连线,是多年大潮平均高潮位所形成的岸边线(张谦益,1998;郑弘毅,1991)。因随潮水涨落而变动,实际的海岸线应该是高低潮间无数条海陆分界线的集合,它在空间上是一条带,而不是一条地理位置固定的线。

从现有行政管理角度讲,海岸线的范围为临水控制线与外缘控制线之间的区域。临水控制线是指为稳定河势、保障航道安全和维护海洋健康生态的基本要求,在海洋沿岸临水一侧划定的管理控制线。外缘控制线一般是指海洋堤防工程背水侧管理范围的外边线。港口码头岸线是码头建筑物靠船一侧的竖向平面与水平面的交线,即停靠船舶的沿岸长度。它是决定码头平面位置和高程的重要基线。

可以发现,不同部门对海岸线的定义存在不同的理解,海岸线的内涵与范围亦难以统一。从定义上看,自然边界线与自然岸线完全一致,都是平均大潮高潮线时水陆分界的痕迹线,但人工边界线与人工岸线的区别较大,主要是两者的划定目的不同,人工岸线的确定主要用于海洋部门日常的工作管理,在岸线确定时需要考虑很多相关因素(是否有国土部门核发的土地证),且传统意义上的海岸线具有明确的"线"的概念,一般是沿海岸外围线,即水面与陆地接触的分界线。实际生产和科研中广泛使用的海岸线概念,远不仅限于一条可能被随时彻底改变的海陆域自然分界线,而是一个包含着充分发挥自然岸线利用价值所必需的一定的水、陆域范围的条形或带状区域,因此海岸线是一个空间概念。而且,随着滨岸带开发活动的增多,尤其是港口航运对岸线开发需求的增大,人们对于海岸线的认识逐步突破了水文地貌学的概念,认识到岸线也是一种资源(段学军等,2006;王传胜,1999;虞孝感,1997),一方面它在数量上是有限的,不可能无限使用;另一方面它有开发的价值,其大小取决于区位、港口、城镇和过江通道建设条件及旅游潜力等。岸线资源是土地资源概念的拓展,是在土地资源基础上叠加岸线在港口航运、城市生活、生态系统保护方面的独特属性,融合土地资源、水资源及生态等内涵的新型资源。海岸线资源概念为海洋周边一定的水域和陆域空间范围内一切可被人类开发和利用的空间,以及物质、能量和信息的总和,具体空间范围与利用方式和不同区段后方陆域地貌条件有关。海岸线资源既具有行洪、调节水流和维护水生生态系统健康等自然与生态环境功能属性,又在一定情况下具有有开发利用价值的土地资源属性,是一种可满足多种开发利用方式的空间资源。

海洋周边广布宝贵的岸线资源，涉及海、陆、港、产、城和生物、湿地、环境等多方面，既是港口、产业及城镇布局的重要载体，也是海洋的生态屏障和污染物入海的最后防线。作为海洋生态环境的重要组成和核心环节，海岸线资源发挥着无可替代的重要的生产、生活和生态环境功能（段学军等，2019）。

## 1.4　海岸线资源的价值及综合评价

随着自然资源开发利用程度的不断加快，资源的稀缺性会日益凸显，人类越来越多地关注到资源保护与合理开发。对自然资源价值进行评估并实施有偿利用，在自然资源开发利用中就显得尤为重要。海岸线作为一种与人类密切相关的重要自然资源，在人口、资源、环境和经济发展互动关系中居于其他资源无法替代的核心地位，但由于其功能的多样性，决定了人们对海岸线资源的研究并不如对其他自然资源（如土地资源、水资源、矿产资源）的研究那么成熟和丰富。

自然资源的价值是社会经济发展的必然产物，并不是与生俱来的。人们对自然资源价值的认识，经历了漫长的传统无价值阶段和现代有价值阶段，其过程大体可归纳为两类五种观点。第一类是自然资源无价值论，包括两种观点，一是自然资源无价值但有价格，其价格是地租的资本化（Swallow，1994）；二是自然资源在没有人类劳动前就没有价值，自然资源价值是人类劳动的体现（Swallow and Wear，1993）。第二类是自然资源有价值论，但价值的表现不同，包括三种观点，一是认为对自然资源的定价，应兼顾自然再生产过程和社会再生产过程两个方面，考虑资源本身价值与社会对自然资源进行的人力、财力、物力的投入，即按完全生产价格等于地租加成本再加利润的原则来确定（Pearce，1998）；二是认为自然资源的价值体现就是地租，而且提出代际均衡理论，即当代人积累的地租能够补偿将来发生的使用者成本（Vincent and Binkley，1993）；三是认为自然资源具有社会价值、经济价值和环境价值，即多价值理论或"综合价值论"（姜文来和杨瑞珍，2003）。

随着人才、资金、技术、市场等先进生产要素向沿海集聚，人类各类活动的趋岸性不断增强，对海岸线资源需求的总量与类型不断增加。聚集效应和资源的稀缺性导致供需关系的变化，使得毗邻海岸线的房产、土地、水域等生产要素和资产的价格也随之上升，人们逐渐认识到海岸线价值属性的存在。在经历了漫长的发展周期后，人们开始对海岸线资源价值的认识有了明显的转变，其价值不再局限于依赖资源本身获得的实物价值，而是兼具经济利用价值、生态保护价值、伦理价值、文化价值、社会价值等多方面的综合价值。本书认为，海岸线价值的内涵是指人类与海岸线相互影响的关系中，对于人类和海岸线这个统一的整体的共生、共存、共发展具有的积极意义、作用和效果，其价值主要体现为内在价值和外在价值两个方面。

　　海岸线内在价值更强调岸线在气候调节、旅游观光、纳污净化等方面的生态价值，即海岸线生态功能价值。海岸线作为陆地和海域的分界线，受水文、地质及动力条件等影响，本身具有生态系统服务价值，即使没有经过开发、使用、加工等劳动活动，自然岸线所构成的沿岸优美的景观、适宜的气候环境、临水亲水的空间便利及丰富的海岸带生态系统，均具有一定的生态、科学、美学、历史和文化价值，可为人们提供生活、居住及娱乐等方面的价值。海岸线外在价值更强调岸线固有及开发活动所产生的纯收益（利润），即海岸线经济功能价值，与海岸线的开发利用条件密切相关。海岸线具有"满足需求的功能"，海岸线资源的有限性（稀缺性）和功能特殊性决定了海岸线的使用能够带来收益。随着沿海城市步入经济快速发展的机遇期，对于海岸线的需求急剧增长，而海岸线资源的有限性决定了人均占有量的固定性，呈现占有率低的特点，如通过人工围填形成新的岸线，需付出一定的经济成本。功能特殊性是指海岸线资源具有特定不可替代的用途，海岸线是一些产业发展必须依赖的生产资料，具有不可替代性。例如，交通运输、港口工程、船舶工业及一些大型的专业装备制造都需要具备沿岸的区位优势，并紧邻深水岸线。总之，鉴于海岸线资源内涵的丰富与拓展，对于海岸线资源的核算已不再是单一的实物经济价值量，而是更具整体性的综合价值（姜文来和杨瑞珍, 2003）。

## 1.5　海岸线资源评价方法与技术

### 1.5.1　海岸线资源的特征和分类

　　海岸线资源既包括自然范畴，即岸线的自然属性，也包括经济范畴，即海岸线的社会属性，是人类的生产资料和劳动对象。海岸线资源由于其独特的自然和人文社会经济条件，而呈现出脆弱性、变动性、多宜性和综合性等特征。

　　海岸线的脆弱性：海岸线资源位于海、陆和人文环境综合耦合的空间内，兼具海陆两大自然系统特征，又是海陆交互作用影响强烈地带，同时，该地带内的水域、湿地等通常是重要水生动物和候鸟栖息地或生物多样性保护区，生态系统较为敏感，因此该地带在承载人类活动干扰方面呈现出明显的脆弱性特征。

　　海岸线的变动性：受地球内外动力、气候变化、地质灾害、地震及潮汐等自然因素的影响，海岸线本身稳定性差，叠加人类活动导致水沙条件改变和开发强度增加等因素，使海岸线资源在质量和时空分布格局上呈现出较大的变动性，如原来建港条件优良的深水岸线变为不适宜建港的浅水淤积岸线；区位、交通条件的改变及开发保护要求变化，也使海岸线资源价值呈现一定的变动性。

　　海岸线的多宜性：海岸线资源特殊的空间区位、多样的生态功能及丰富的物质能量储备，使其不但具备港口运输、工业生产、水工设施建设、城镇生活、农业生产等多种开发可能，还具有水质缓冲区、生物栖息地、水源地等生态系统保护的重要性，在利用和保护方面表现出多宜性的特征。

海岸线的综合性：海岸线资源不但具有开发方面的价值，还具有保护的价值，同时兼具空间、水、土及生态等多种资源特点，具有明显的综合性特征，因此，对于海岸线资源禀赋需要从多要素的角度、从多个方面去评价，在岸线资源管理上要考虑多要素功能的发挥，并兼顾开发与保护两个方面不同的需求（段学军等，2019）。

传统上海岸线的分类通常根据自然属性进行划分，如根据岸线的地质岩性可以划分为基岩岸线、砾质岸线、砂质岸线、粉砂淤泥质岸线，根据岸线的稳定性可以划分为稳定岸线、冲刷岸线、淤积岸线，根据岸前水深条件可以划分为深水岸线、中深水岸线、浅水岸线等。随着人类生产生活对岸线利用的增多，不同政府部门根据管理需要也对岸线类型进行了一些简单的划分，有的把岸线划分为生产岸线、生活岸线、交通运输及仓储岸线、特殊岸线，有的划分为港口岸线、仓储岸线、工业岸线、生活占用岸线、过江通道岸线，还有的划分为电力岸线、港口岸线、过江电缆岸线、取排水口岸线、人渡岸线、桥梁岸线等。表 1.1 为海岸线资源分类。

表 1.1　海岸线资源分类

| 一级类 | 二级类 | 定义 |
| --- | --- | --- |
| 自然岸线 | 基岩岸线 | 地处基岩海岸的海岸线 |
| | 砂砾质岸线 | 地处沙滩上的海岸线 |
| | 淤泥质岸线 | 地处淤泥或粉砂质泥滩的海岸线 |
| | 生物岸线 | 由红树林、珊瑚礁等组成的海岸线 |
| 人工岸线 | 养殖围堤岸线 | 人工修筑岸线及后方陆域一定范围内主要用于养殖的堤坝 |
| | 盐田围堤岸线 | 人工修筑岸线及后方陆域一定范围内主要用于盐碱晒制的堤坝 |
| | 农田围堤岸线 | 人工修筑岸线及后方陆域一定范围内主要用于农作物种植的人工堤坝 |
| | 港口码头岸线 | 岸线及后方陆域一定范围内存在人工修建的客运、货运、捕捞及工程、工作船舶停靠的场所及其附属建筑物、物流仓储场所及设施的岸线开发类型，涉及港口码头、仓储等用地类型 |
| | 工业生产岸线 | 岸线及后方陆域一定范围内存在工业生产、产品加工制造、机械和设备修理及直接为工业生产等服务的附属设施的岸线开发类型，涉及工业用地类型 |
| | 城镇生活岸线 | 城镇建成区中，岸线及后方陆域的一定范围内存在住宅开发、公共服务设施开发、公园建设等岸线开发活动类型，涉及城镇住宅、公共管理与公共服务等用地类型 |
| | 其他人工岸线 | 水工设施岸线，包括人工修建的交通围堤、护岸、海堤和丁坝等岸线开发类型；人工围滩岸线，主要包括近年来围垦滩涂而未开展大规模开发建设的岸线 |
| 河口岸线 | 河口岸线 | 入海河口与海洋的界线 |

#### 1.5.2　海岸线测量和类型识别

2000 年以后，我国东部地区经济社会发展进入"快车道"，沿海各地区国土开发和海岸线资源开发利用情况发生了重大变化，海岸线演变活跃。海岸线变化得到了众多学者的关注，由于其发展迅速，传统的测量方法耗时耗力，研究监测时间断面间隔较长、各个时间断面上的海岸线卫星影像空间分辨率较粗，因此会影响监测结果的精度，且难以监测近年来海岸线的快速变化。卫星遥感技术能够快速而又准确地测定海岸线的位置和性质变化。近年来，利用遥感技术调查海岸线现状或变迁的实例很多，国内外学者相继利用遥感卫星数据开展海岸线遥感提取方法研究与应用，积累了丰富的经验。随着卫星遥感的空间分辨率和时间分辨率的提高，海岸线遥感调查的精度和时间频度都得到大幅度的提升。

1. 遥感数据源

基于遥感技术的岸线提取相关研究影像资料主要采用卫星光学遥感影像和雷达影像，国内最常用的遥感传感器平台数据包括高分一号（GF-1）、资源三号（ZY-3）、Landsat 系列、SPOT-5、无人机平台 LiDAR 点云数据等，其中以 Landsat 系列影像应用最为广泛。

2. 岸线提取方法

基于遥感技术的岸线提取研究主要基于遥感影像解译，提取瞬时形成的水域与陆地的交界线，根据潮汐或高程模型进行进一步纠正。根据国内开展的相关研究，可将岸线提取方法大致分为以下几种。

（1）无潮汐的岸线自动提取。无潮汐的岸线提取方法从像素的角度，采用图形算法进行岸线的识别和提取。姜大伟等（2016）采用基于区域的距离正则化几何主动轮廓模型（RDRGAC）精确搜索轮廓边缘，建立区域面积系数与 SAR 图像等效视数（ENL）之间的非线性拟合关系，从而实现良好的海岸线自动提取效果。周锋和孔凡邨（2008）采用数学形态学方法处理雷达图像，构造数学形态学结构元素，从而实现河道岸线的提取。

（2）顾及潮汐的岸线提取与推算。基于影像分析获取瞬时水陆边界线，结合潮汐数据、高程模型（DEM、DSM）进行海岸线的推算和纠正。柯丽娜等（2018）基于不同年份的 Landsat TM、SPOT 和 HJ-1CCD 等多源影像数据，通过构建元胞自动机（CA）模型来提取水边线，结合遥感影像拍摄时间及潮汐数据来纠正海岸线位置。于彩霞等（2017）基于激光雷达测量点云数据，以大潮平均高潮面高程为阈值改进二值图像化方法，提取顾及潮汐特征的海岸线，具有较好的可靠性、便捷性和效率。倪绍起等（2013）通过校正航空影像获得正射影像图提取水边线，结合机载 LiDAR 高精度点云数据生成的 DEM 和精准潮汐模型建立的高程转换模型来推算岸线位置,并用三种类型的自然岸线进行试验,取得了较好效果。

(3)基于岸线分类的岸线提取。基于岸线分类的岸线提取方法将岸线类型进行分类,针对不同的岸线特征建立岸线提取规则或方法。王常颖等(2017)基于决策树挖掘和构建海岸带的地物分类规则实现地物分类,采用密度聚类法对海域与陆域的分类结果进行去除噪声处理,进而实现岸线提取。庄翠蓉(2009)基于 Landsat 影像数据,通过构建四种海岸类型的解译标志,在采用直方图阈值分割、监督分类、非监督分类和灰度形态学的方法进行处理后,使用不同的边缘检测方法对不同的海岸线类型进行提取,最后通过拼接实现岸线的提取。

(4)目视解译人机交互提取。目视解译依据研究人员的实地经验及岸线解译标志的认知,采用 ENVI、ArcGIS 等专业软件提取岸线,该方法对影像的分辨率和研究人员的岸线识别分析能力具有较高的要求。杨雷等(2017)基于高分辨率 SPOT-5、GF-1 和航空数字正射影像图(digital orthophoto map, DOM)遥感影像,采用人机交互的目视解译法进行岸线提取,构建岸线分类体系。吴培强等(2018)采用专家目视解译法,结合岸线解译标志及实际踏勘经验,根据影像特征提取海岸线。

### 1.5.3　遥感技术在海岸线研究中的应用

国内基于岸线提取开展的相关研究主要应用于大陆、海岛、湖泊、河流等的岸线变化分析。从宏观、区域的角度通过对沿海地区长期多年(一般在 10 年及以上)的影像进行岸线提取,分析海岸线的长度、走向、类型、空间位置等的时空演变规律,并分析其变化的驱动因素。研究海岸线变迁的分析方法主要包括岸线分析法、变化速率法、动态分割法等。刘旭拢等(2017)基于 1973~2015 年 8 期 Landsat 遥感影像,通过计算海岸线的长度变化强度、类型结构变化、位置变化速度及海岸线利用程度指数来分析其在长度、类型、空间位置和开发利用程度等方面的变化特征,并分析其驱动力。侯西勇等(2016)从岸线结构、岸线分形、岸线变化速率、陆海格局和海湾面积等方面探讨中国大陆海岸线的变化特征。康波等(2017)建立遥感影像目视解译标志提取岸线,结合潮汐数据,采用平均速率法和岸线分析法来分析 30 年来长岛县南五岛海岸线的时空变化特征。

也有学者把岸线提取作为海岸线开发利用分析的条件基础,结合地形图、开发利用活动信息、土地利用调查数据等开展海岸线的开发利用活动监测、土地利用时空格局及变化分析等。丁偌楠和王玉梅(2017)基于 1973~2014 年 4 期 Landsat 影像数据对烟台市北部沿海 5 km 岸段的岸线进行人机交互解译提取,结合土地利用数据分析土地利用的空间格局及变化,并对生态系统服务价值进行计算评估。孙品(2017)采用面向对象的方法对上海 1985~2015 年的 Landsat 影像数据进行岸线提取,进而分析岸线变化的位置、方向、长度等动态信息。

# 第2章 浙闽区域发展和空间发展战略

## 2.1 浙江省区域发展和空间发展战略

### 2.1.1 区域协调发展战略

完善和落实主体功能区战略，健全区域协调发展体制机制，扎实推进长三角一体化和长江经济带发展，推动海洋经济和山区经济协同发展，加快形成"一湾引领、两翼提升、四极辐射、全域美丽"的省域空间发展总体格局，具体表述可见表2.1。

表 2.1 区域协调发展重大改革和重大政策

| 序号 | 政策类型 | 具体内容 |
|---|---|---|
| 1 | 高质量推进长三角一体化发展机制创新 | 加快推动三省一市政务服务、要素、市场、标准、信用等一体化，以长三角生态绿色一体化发展示范区为核心，先行开展规划管理、生态环保、土地管理等领域一体化制度创新 |
| 2 | 促进区域一体化合作政策 | 深入推进重点区域一体化合作先行区建设，在规划共编、项目共建、公共服务共享、生态环境共保等方面构建一体化协同发展政策体系。支持杭绍临空经济一体化发展示范区等重点合作平台建设 |
| 3 | 海洋经济体制改革 | 深化宁波舟山港一体化，推进海洋金融投资体制改革，创新集约节约用海、口岸高效监管、海洋经济人才队伍建设等 |
| 4 | 山区高质量发展政策 | 聚焦山区26县，围绕绿色产业、基础设施和公共服务等领域，制定完善土地、财政等扶持政策，创新山海协作模式 |

1. 扎实推进长三角一体化和长江经济带发展

推进长三角一体化发展。聚焦高质量、一体化，打造长三角创新发展极、长三角世界级城市群"金南翼"、长三角幸福美丽大花园和长三角改革开放引领区。加快共建长三角生态绿色一体化发展示范区，加快建设"江南水乡客厅"、祥符荡科创绿谷。共同实施长三角产业链补链强链固链行动，共建"数字长三角"，推进全面创新改革试验，构建科技创新共同体。谋划推进长三角一体化标志性工程建设，加快城际铁路建设，深化小洋山区域合作开发，打造"轨道上的长三角"和世界级港口群、机场群。共同推进长三角社会保障卡居民服务一卡通，共建公共卫生等重大突发事件应急体系。积极推进沪杭甬湾区经济创新区、长三角产业合作区、浙南闽东合作发展区规划建设。推进长江经济带发展。坚持共抓大保护、不搞大开发的战略导向。加强生态环境突出问题整治,加快实施长江经济带绿色试点示范。组织实施全省八大水系统一的禁渔期制度,构建八大水系综合治理新体系。加强与长江上中下游联动发展,促进流域合作和布局优化。加强与长江沿岸港口合作开发,着力提升浙北航道网运输能力,建设舟山江海联运服务中心。加强长江文物和文化遗产保护。

### 2. 建设引领未来的现代化大湾区

推动大湾区建设和长三角一体化发展战略深度融合,打造高质量发展主平台。统筹优化湾区生产力布局,实施一批标志性工程。强化环杭州湾核心引领地位,聚焦创新驱动主引擎功能,大力推进科创大走廊建设,高水平打造杭州钱塘新区、宁波前湾新区、绍兴滨海新区、湖州南太湖新区、台州湾新区、金华金义新区,有序创建大湾区高能级战略平台。

### 3. 加快建设海洋强省

构建"一环一城两区四带多联"发展格局。强化全省域海洋意识、沿海意识,坚持全域谋海、陆海统筹,全力推进海洋强省建设。依托一批科创大走廊,打造环杭州湾海洋科创核心环。加快建设海洋中心城市,深化浙江海洋经济发展示范区和舟山群岛新区 2.0 版建设。深入推进甬台温临港产业带建设,启动实施生态海岸带工程,加快构建海洋经济辐射联动带和省际腹地拓展延伸带。多渠道多领域联动山区 26 县与沿海发达地区协同高质量发展,加快提升全省陆海统筹协调发展水平。

推进智慧海洋工程建设。实施智慧海洋"1355"行动。加快海洋信息基础设施建设,建成省级智慧海洋大数据中心,着力提升海洋信息综合感知、通信传输、资源处理能力。推进海洋数字产业化与海洋产业数字化,拓宽智慧海洋应用服务。加强智慧海洋高端装备研发,夯实智慧海洋产业技术、标准规范支撑保障,形成全要素、多领域、系统性的智慧海洋建设格局。

推进海岛特色化差异化发展。围绕综合开发利用、港口物流、临港工业、对外开放、海洋旅游、绿色渔业和生态保护,科学确定"一岛一功能",推进海岛功能布局优化。依法管控海岛开发,加强海岛生态环境保护,健全岛际交通网络,实现海岛高质量开发与保护共赢。

### 4. 推动山区跨越式发展

加快山区 26 县高质量发展。推进数字赋能、改革赋能、生态赋能、文化赋能、旅游赋能,做优做强绿色优势产业,加快补齐基础设施和公共服务短板。优化新阶段山区县发展政策体系,聚焦重点领域开展一批专项行动,强化内生发展动力,有效扩大税源和富民渠道,促进区域共同富裕。打造山海协作工程升级版,建设山海协作产业园和生态旅游文化产业园,鼓励探索共建园区、飞地经济等利益共享模式。

加快推进特殊类型地区发展。加大革命老区发展支持力度,加强革命遗址、革命文物、革命档案保护和红色文化研究,推动红色旅游景区、红色精品线路、红色教育(研学)基地等建设,推动革命精神弘扬和红色资源价值转化。推动民族地区加快发展,做好民族地区古建筑、国家非物质文化遗产等民族文化保护传承,加强民族传统手工艺、民俗文化等研究,支持景宁畲族自治县开展全国民族地区城乡融合发展试点。

5. 开创对口工作新局面

持续开展对口支援,推进智力支援、产业支援、民生改善、交往交流交融和文化教育支援,助力受援地社会稳定和长治久安。接续实施东西部协作,聚焦巩固拓展脱贫攻坚成果同乡村振兴有效衔接,大力推进产业合作、劳务协作和消费协作。深入开展浙吉合作,推进深化开放、产业转型、创业创新、要素流动和人文交流等五大合作任务。

### 2.1.2 新型城镇化的发展战略

坚定不移走以人为核心、高质量为导向的新型城镇化道路,构建以大都市区为引领、大中小城市和小城镇协调发展的新型城镇化格局,实施城市更新行动,着力提升城市品质,全面推进城乡融合发展。具体行动方案可见表 2.2。

表 2.2　新型城镇化"十百千"行动

| 序号 | 行动类型 | 具体内容 |
|---|---|---|
| 1 | "十城赋能"行动 | 全面提升设区市城市能级,提升中心城市综合承载和资源优化配置能力,实施同城化管理措施,推进都市区同城化发展 |
| 2 | "百县提质"行动 | 加大县城建设投入,推进住房体系完善、基础设施增效、建筑品质提高和城市管理提升 |
| 3 | "千镇美丽"行动 | 以小城镇为实施对象,打造千个环境美、生活美、产业美、人文美、治理美的"五美"城镇 |

1. 建设现代化国际化大都市区

深入实施大都市区建设行动。大力推进杭州、宁波、温州、金义四大都市区建设,提升在长三角世界级城市群中的功能地位。推动人口、产业、科创等要素向都市区集聚。加强多层次多领域国际人文交流，塑造特色鲜明的城市国际形象和个性品牌。持续实施一批大都市区标志性工程，加快"高铁+城际铁路+地铁"轨道上都市区建设。推进嘉湖、杭嘉、杭绍、甬绍、甬舟、甬台等一体化合作先行区建设，探索其他跨行政区协同板块一体化。加快构建四大都市圈，形成网络型城市群空间格局，推动都市区中心城市与周边中小城市和小城镇协调发展。

全面提升中心城市能级。开展"十城赋能"行动，着力推进要素集聚、产业升级、环境再造、设施完善、服务提升、数字赋能和治理现代化，积极有序推动中心城市行政区划调整，提高中心城市统筹资源配置能力和重大基础设施统筹建设能力。唱好杭州、宁波"双城记"，大力培育国家中心城市，建设"数智杭州、宜居天堂"，推动宁波舟山共建海洋中心城市，支持绍兴融杭联甬，打造江南水乡文化名城。发挥温州作为"全省第三极"的战略作用，支持台州建设先进制造标杆城市，打造温州、台州民营经济高质量发展示范区。加快推进嘉湖一体化，建设国家城乡融合发展试验区，打造长三角一体化桥头堡和浙北增长极。推动金华义乌聚合同城化发展，打造组团化都市新区。支持衢州建设四省边际中心城市，加快丽水"跨山统筹"一体化发展，推进衢丽花园城市群建设，打造诗画浙江大花园最美核心区。

### 2. 推进以县城为重要载体的城镇化建设

提升县城公共设施和服务能力。推进县城补短板强弱项，推动县域经济向城市经济升级。实施"百县提质"行动，推动县城公共服务设施提标扩面、环境卫生设施提级扩能、市政公用设施提档升级、产业培育设施提质增效，引导中心城市优质公共服务资源下沉延伸。加快推进 10 个国家示范县创建，打造全国县城新型城镇化标杆。

积极发展小城市和美丽城镇。分类引导小城镇发展，统筹推进中心镇发展改革、小城市培育试点。继续深化龙港新型城镇化综合改革。加快推进"千年古城"复兴计划，打造浙江新型城镇化"新名片"。高质量推进新时代美丽城镇建设，推进"千镇美丽"行动。

### 3. 着力提升城市品质

推进新型城市建设。健全城市路网系统，新建改造城市道路 5000 km，实施城市微改造工程，着力解决城市停车难问题。谋划城市内涝治理和地下管线焕新行动，建设海绵城市、韧性城市。建设城市生态系统和安全系统，创建安全发展示范城市。培育建设"未来城市"实践区。着力推进低碳城市建设。注重城市设计，加强城市风貌容貌管理。实施"城市大脑"建设提升工程，完善城市数字管理平台和感知系统，加快推动公共服务、智慧城管等平台与"城市大脑"对接，打造全国城市数字治理试验区。推进国际社区建设，完善国际学校、国际医院等配套公共服务，具体推进行动方案可见表 2.3。

表 2.3　未来社区建设"三化九场景"推进行动

| 序号 | 行动类型 | 具体内容 |
|---|---|---|
| 1 | 未来社区人本化引领行动 | 打造 5—10—15 分钟生活圈，采用公共交通导向布局模式，构建涵盖老年康养、幼儿托育、青年创业、邻里交往等功能的 24 小时全生活链，塑造有"市井味、人情味、烟火味"的市民生活场景，打造以人为本文明生活窗口 |
| 2 | 未来社区数字化赋能行动 | 迭代提升未来社区智慧服务平台，推进"平台+管家"社区服务模式创新，构建基于现实社区的数字孪生社区，全面提升社区精细化治理和集成化运营水平，打造数字社会基本功能单元 |
| 3 | 未来社区生态化提升行动 | 全面推广低碳生活方式和生产方式，推广空中花园阳台，推广近零能耗建筑技术，构建花园式无废社区、健康社区，打造绿色低碳生态示范平台 |
| 4 | 未来社区九场景融合行动 | 启动实施未来社区美好家园创建行动，在城镇老旧小区改造和新社区建设中推动邻里、教育、健康、创业、建筑、交通、低碳、服务、治理九场景理念功能融合落地，打造创建美好家园新模式 |

以未来社区建设为抓手提升城市宜居水平。全面推进城市有机更新。加快未来社区试点建设，建成命名 100 个左右省级试点。以未来社区理念统筹旧改新建，创建 100 个未来社区美好家园示范点。继续推进城镇棚户区改造，开工建设棚户区改造安置住房（含货币安置）13 万套，改造 3000 个老旧小区。深入推进无违建县创建工作。加强幸福邻里中心建设，提升物业管理服务水平，全面提升住宅小区居住品质。加强城镇绿化美化建设，打造"浙派园林"品牌，强化城市绿地规划刚性约束，提升公园绿地服务半径覆盖率，构建公园体系，打造宜居美丽公园城市。

4. 全面推进城乡融合发展

提升农业转移人口市民化水平。放宽放开城镇地区落户限制，完善租赁房屋常住人口在城市落户政策，全面取消城区常住人口 300 万以下城市落户限制，推动城区常住人口 300 万以上城市基本取消落户限制，加大"人地钱挂钩"配套政策激励力度。深化"三权到人（户）、权跟人（户）走"改革，促进有条件的农业转移人口落户。加强农业转移人口技能和文化培训，提高农业转移人口素质和融入城镇能力。推动城镇基本公共服务常住人口全覆盖，完善以居住证为载体、与居住年限等相挂钩的基本公共服务提供机制，健全随迁子女入学入园政策。

健全城乡融合发展体制机制。完善城乡统一的建设用地市场。推动城乡公共设施联动发展，建立公共设施一体化规划建设运营机制，实施一批污水垃圾收集处理、冷链物流、农贸市场、道路客运、公共文化设施、市政供水供气、绿道网、数字设施等城乡联动项目，加快发展城乡教育联合体和县域医共体。建立健全激励政策，促进"两进两回"，全面激发乡村活力。

### 2.1.3　现代产业的发展战略

坚持把发展经济的着力点放在实体经济上，全面优化升级产业结构，打好产业基础高级化和产业链现代化攻坚战，加快建设全球先进制造业基地，做优做强战略性新兴产业和未来产业，加快现代服务业发展，形成更高效率和更高质量的投入产出关系，不断提升现代产业体系整体竞争力。

#### 1. 大力提升产业链供应链现代化水平

实施制造业产业基础再造和产业链提升行动。实施制造强基工程，提高网络通信、关键仪器设备、重要原材料、关键零部件和核心元器件、基础软件、工业控制体系等稳定供应能力，保障事关国计民生的基础产业安全稳定运行。实施产业集群培育升级行动，打造新一代信息技术、汽车及零部件、绿色化工、现代纺织和服装等世界级先进制造业集群、一批年产值超千亿元的优势制造业集群和百亿级的"新星"产业群。积极培育有控制力和根植性的"链主"企业，提升研发、设计、品牌、营销、结算等核心环节能级，更好发挥政府产业基金的引领和撬动作用，全面推进补链强链固链。强化资源、技术、装备支撑，加强国内国际产业安全合作，推动产业链供应链多元化。聚焦生物医药、集成电路等十大标志性产业链（表2.4），全链条防范产业链供应链风险，全方位推进产业基础再造和产业链提升，基本形成与全球先进制造业基地相匹配的产业基础和产业链体系。

表2.4　十大标志性产业链

| 序号 | 产业链类型 | 具体内容 |
| --- | --- | --- |
| 1 | 数字安防 | 突破图像传感器、中控设备等关键零部件技术，补齐芯片、智能算法等技术短板，加快人工智能、虚拟/增强现实等技术融合应用，打造全球数字安防产业中心 |
| 2 | 集成电路 | 突破第三代半导体芯片、专用设计软件（电子设计自动化工具等）、专用设备与材料等技术，前瞻布局毫米波芯片、太赫兹芯片、云端一体芯片，打造国内重要的集成电路产业基地 |
| 3 | 网络通信 | 补齐通信芯片、关键射频器件、高端光器件等领域技术短板，做强新型网络通信设备制造、系统集成服务，打造世界先进的网络通信产业集聚区、创新应用引领区 |
| 4 | 智能计算 | 做强芯片、存储设备、服务器等关键产品，补齐操作系统短板，推动高性能智能计算架构体系、智能算力等取得突破，构建智能计算产业生态 |
| 5 | 生物医药 | 突破发展生物技术药、化学创新药、现代中药和创新医疗器械等技术，打造具有国际竞争力的生物医药创新制造高地、全国重要的医疗器械产业集聚区 |

续表

| 序号 | 产业链类型 | 具体内容 |
|---|---|---|
| 6 | 炼化一体化与新材料 | 提升发展高性能纤维等先进高分子材料产业,加快发展高性能氟硅新材料、高端电子专用材料产业,打造世界一流的绿色石化先进制造业集群、国内领先的高分子新材料产业基地 |
| 7 | 节能与新能源汽车 | 突破动力电池、电驱、电控等关键技术,创新发展汽车电子和关键零部件产业,完善充电设施布局,打造全球先进的新能源汽车产业集群 |
| 8 | 智能装备 | 聚焦工业机器人、数控机床、航空航天等重点领域,突破关键核心部件和系统等技术,打造国内知名的智能装备产业高地 |
| 9 | 智能家居 | 做强智能家电、智能照明、智能厨卫等领域关键技术产品,推进智能家居云平台建设应用,打造国内中高端智能家居产业基地 |
| 10 | 现代纺织 | 推进纺织印染智能化改造,促进化学纤维差异化功能化、纺织面料高端化绿色化、服饰家纺品牌化时尚化发展,打造国际一流的纺织先进制造业集群 |

加快传统制造业改造提升。实施传统制造业改造提升计划 2.0 版,加快数字化、智能化、绿色化改造,分行业打造标杆县(市、区)和特色优势制造业集群,打造全国制造业改造提升示范区。支持企业加大技术改造力度,鼓励企业兼并重组,以市场化、法治化方式推进落后产能退出。重视传统民生产业的合理布局和转型升级,实施中小微企业竞争力提升工程,完善中小微企业发展政策体系,优化小微企业园布局。深化品牌、标准、知识产权战略,深入开展质量提升行动,大力推进标准化综合改革,引导企业品质化标准化品牌化发展,打响浙江"品字标"。

2. 做优做强战略性新兴产业和未来产业

积极壮大生命健康产业。推动创新药物和高端医疗器械源头创新、精准医疗全链创新、信息技术与生物技术加速融合创新,加快发展化学创新药、生物技术药物、现代中药、高端医疗器械、生命健康信息技术应用等重点领域。开展药物制剂国际化能力建设,发挥原料药国际竞争优势。培育发展智能医学影像、智能诊疗、智能健康管理等新业态。实施药品医疗器械化妆品质量品牌提升工程。

加快发展新材料产业。重点主攻先进半导体材料、新能源材料、高性能纤维及复合材料、生物医用材料等关键战略材料,做优做强化工、有色金属、稀土磁材、轻纺、建材等传统领域先进基础材料,谋划布局石墨烯、新型显示、金属及高分子增材制造等前沿新材料。畅通新材料基础研究、技术研发、工程化、产业化、规模化应用各环节,培育百亿级新材料核心产业链,建设千亿级新材料产业集群。

培育发展新兴产业和未来产业。大力培育新一代信息技术、生物技术、高端装备、新能源及智能汽车、绿色环保、航空航天、海洋装备等产业，加快形成一批战略性新兴产业集群。组织实施未来产业孵化与加速计划，超前布局发展第三代半导体、类脑芯片、柔性电子、量子信息、物联网等未来产业，加快建设未来产业先导区。加强前沿技术多路径探索、交叉融合和颠覆性技术供给，实施产业跨界融合示范工程，打造未来技术应用场景。促进平台经济、共享经济健康发展。

做优做强战略性新兴产业和未来产业的同时，还需构建重大产业平台，具体包括高能级战略平台、开发区（园区）、"万亩千亿"新产业平台、农业产业平台、现代服务业创新发展区、省级特色小镇等（表 2.5）。

表 2.5 重大产业平台

| 序号 | 平台类型 | 具体内容 |
| --- | --- | --- |
| 1 | 高能级战略平台 | 力争打造 20 个以上"千亿级规模、百亿级税收"的高能级战略平台 |
| 2 | 开发区（园区） | 争取 1~2 家国家级经济技术开发区进入全国前 10；争取 2 家国家级高新区进入全国前 10，新建 5 家以上国家级高新区和 25 家省级高新区；争取国家级旅游度假区达到 10 家；建成 10 个以上制造业高质量发展示范园 |
| 3 | "万亩千亿"新产业平台 | 培育建设 30 个以上集聚标志性项目、行业领军企业、重量级未来产业集群的"万亩千亿"新产业平台 |
| 4 | 农业产业平台 | 打造一批国家级现代农业产业园，创建 15 个国家级和 100 个省级一二三产业融合示范园 |
| 5 | 现代服务业创新发展区 | 打造 100 个左右现代服务业创新发展区，择优培育 20 个左右高能级服务业创新发展区 |
| 6 | 省级特色小镇 | 高水平打造 120 个左右产业更特、创新更强、功能更全、体制更优、形态更美、辐射更广的 2.0 版特色小镇 |

### 3. 推动现代服务业高质量发展

促进生产性服务业融合化发展。以服务制造业高质量发展为导向，推动生产性服务业向专业化和价值链高端延伸。聚焦提高产业创新能力，加快发展研发设计、工业设计、商务咨询、检验检测等服务。聚焦提高要素配置效率，推动供应链金融、信息数据、人力资源、会展等服务创新发展。聚焦增强全产业链优势，提高现代物流、采购分销、生产控制、运营管理、售后服务等发展水平。聚焦发展服务型制造，促进制造企业向提供基于产品的服务转变，鼓励智能产品服务、总集成总承包、信息增值等服务型制造业态加快发展。支持新型专业化服务机构发展，培育具有国际竞争力的服务企业。

加快生活性服务业品质化发展。以提升便利度和改善服务为导向，推动生活性服务业向高品质和多样化升级。加快发展健康、养老、育幼、文化、旅游、体育、物业等服务业，加强公益性、基础性服务业供给。扩大覆盖全生命周期的各类服务供给, 持续推动家政服务业提质扩容, 与智慧社区、养老托育等融合发展。建立生活性服务业认证制度, 推动生活性服务业诚信化、职业化发展。

深化服务业领域改革开放。扩大服务业对内对外开放, 进一步放宽市场准入, 全面清理不合理的限制条件, 鼓励社会力量扩大多元化多层次服务供给, 完善支持服务业发展的政策体系, 健全服务质量标准体系和行业信用监管体系。加快制定重点服务领域监管目录、流程和标准, 构建高效协同的服务业监管体系。深入推进服务业综合改革试点建设和扩大开放。

在推动现代服务业高质量发展的同时, 还需出台产业现代化重大改革和重大政策, 具体可见表 2.6。

**表 2.6　产业现代化重大改革和重大政策**

| 序号 | 政策类型 | 具体内容 |
| --- | --- | --- |
| 1 | 制造业高质量发展体制机制创新 | 开展制造业高质量发展示范县(市、区)和示范园区创建, 制定考核评价办法, 健全制造业推进工作体系, 争创国家制造业高质量发展试验区 |
| 2 | 制造业基础再造和产业链提升 | 落实"1+2+10+$X$"工作体系, 集成制造业高质量发展各项政策, 高水平建设产业创新服务载体, 建立产业链提升服务机制, 落实产业链"链长制" |
| 3 | 服务业改革开放政策 | 分类放宽服务业准入限制, 扩大金融、数字贸易、专业服务、文化旅游等领域对外开放, 深化服务贸易创新发展 |
| 4 | 促进物流降本增效 | 完善道路货运检验检测、通行、通关、执法等制度, 推动多式联运、"四港"联动发展, 提升物流综合服务能力 |
| 5 | 先进制造业与现代服务业融合发展 | 聚焦重点领域, 开展两业融合试点区域和企业建设, 加强土地、金融、数据、人才等方面政策创新和扶持, 加快培育两业融合多元主体和融合发展新业态新模式 |
| 6 | 质量基础设施"一站式"服务 | 构建"1+$N$"服务体系, 有机融合计量、标准、认证认可、检验检测和质量管理, 提供全链条、全方位、全过程质量基础设施综合服务 |

## 2.2　福建省区域发展和空间发展战略

### 2.2.1　区域发展战略定位

#### 1. 国家生态文明试验区

福建是习近平生态文明思想的重要孕育地和创新实践地。2000 年时任福建省省长的习近平同志提出建设生态省的战略构想, 成立生态省建设领导小组并亲任组长, 开展福建有史以来最大规模的生态保护调查。2002 年 7 月, 福建启动生态省建设, 同年 8 月被列入全国第一批生态省建设试点省份。2014 年被国家批准为全国第一个生态文明先行示范区, 标志着福建的生态省建设由地方决策上升为国家战略。2016 年，中共中央办公厅、国务院办公厅印发《国家生态文明试验区（福建）实施方案》，确定福建为全国首个国家生态文明试验区，明确了 38 项重点改革任务，定位为国土空间科学开发的先导区、生态产品价值实现的先行区、环境治理体系改革的示范区、绿色发展评价导向的实践区。

主要目标，到 2020 年，试验区建设取得重大进展，为全国生态文明体制改革创造出一批典型经验，在推进生态文明领域治理体系和治理能力现代化上走在全国前列。其中，空间发展方面，国土空间开发保护制度趋于完善，基本形成生产空间集约高效、生活空间宜居适度、生态空间山清水秀的省域国土空间体系；生态环境质量方面，主要水系水质优良比例总体达 90% 以上，重要江河湖泊水功能区水质达标率达到 86% 以上，近岸海域达到或优于二类水质标准的面积比例达到 81% 以上，23 个城市空气质量优良天数比例达到 90% 以上，森林覆盖率达到 66% 以上，福建的天更蓝、地更绿、水更净、环境更好，人民群众获得感进一步增强，生态文明建设水平与全面建成小康社会相适应，形成人与自然和谐发展的现代化建设新格局。

### 2. 21 世纪海上丝绸之路核心区

福建地处我国东南沿海，是海上丝绸之路的重要起点，是连接台湾海峡东西岸的重要通道，是太平洋西岸航线南北通衢的必经之地，也是海外侨胞和台港澳同胞的主要祖籍地，在国家"一带一路"倡议中，被定位为 21 世纪海上丝绸之路核心区。《福建省 21 世纪海上丝绸之路核心区建设方案》提出要充分发挥福建比较优势，实行更加主动的开放战略，将福建建设成为 21 世纪海上丝绸之路互联互通建设的重要枢纽、经贸合作的前沿平台、体制机制创新的先行区域、人文交流的重要纽带，在互联互通、经贸合作、体制创新、人文交流等领域不断深化核心区的引领、示范、聚集、辐射作用。

对于福建省内布局，支持泉州建设 21 世纪海上丝绸之路先行区，在推动华侨华人参与核心区建设、民营企业"走出去"、海上丝绸之路文化国际交流、国际金融合作创新、制造业绿色转型等方面发挥先行先试作用；支持福州、厦门、平潭等港口城市建设海上合作战略支点，加快福州新区、厦门东南国际航运中心建设，发挥平潭综合实验区、厦门市深化两岸交流合作综合配套改革试验等对台先行先试政策优势和漳州两岸产业对接集中区优势，发挥莆田、宁德深水港口优势和妈祖文化、陈靖姑文化等纽带作用；支持三明、南平、龙岩等市建设海上丝绸之路腹地拓展重要支撑，发挥生态、旅游资源优势和朱子文化、客家文化等纽带作用，打造国际知名的生态文化旅游目的地、绿色发展示范区和客家文化、茶文化交流基地。

### 3. 中国自由贸易试验区

2015 年 3 月 24 日，中共中央政治局审议通过了《中国（福建）自由贸易试验区总体方案》，包括福州、厦门和平潭三个片区，总体战略定位为进一步深化两岸经济合作。其中，平潭自贸区是福建自贸区的核心，重点建设两岸共同家园和国际旅游岛，在投资贸易和资金人员往来方面实施更加自由便利的措施；厦门片区重点建设两岸新兴产业和现代服务业合作示范区、东南国际航运中心、两岸区域性金融服务中心和两岸贸易中心；福州片区重点建设先进制造业基地、21 世纪海上丝绸之路沿线国家和地区交流合作的重要平台、两岸服务贸易与金融创新合作示范区。发展目标是经过三至五年改革探索，力争建成投资贸易便利、金融创新功能突出、服务体系健全、监管高效便捷、法制环境规范的自由贸易园区。

### 4. 两岸交流合作先行区、重要承载区

《平潭综合实验区总体发展规划》将平潭综合实验区定位为两岸交流合作先行区，主要积极探索更加开放的合作方式，实行灵活、开放、包容的对台政策，开展两岸经济、文化、社会等各领域交流合作综合实验，促进两岸经济全面对接、文化深度交流、社会融合发展，为深化两岸区域合作发挥先行先试作用。

2015 年国务院批准设立福州新区，并将其定位为对台交流的前沿阵地，赋予其在对台交流合作方面先行先试的重要任务，构筑直接往来新通道，探索两岸交流新模式，成为两岸交流合作重要承载区。

### 5. 福厦泉国家自主创新示范区

2016 年，国务院同意福厦泉国家高新区建设国家自主创新示范区，全面实施创新驱动发展战略，深入推进大众创业、万众创新，发展新经济，培育新动能。充分发挥福厦泉地区的区位优势和生态优势，促进高端人才与大众创业、万众创新结合，把创新驱动发展战略深入各个领域、各个行业，更多激发全社会创造潜力和调动科研人员积极性，全面提升区域创新体系整体效能，打造连接海峡两岸、具有较强产业竞争力和国际影响力的科技创新中心，努力把福厦泉国家高新区建设成为科技体制改革和创新政策先行区、海上丝绸之路技术转移核心区、海峡两岸协同创新和产业转型升级示范区。

### 6. 全国海洋经济发展试点区

2016 年 3 月，《中华人民共和国国民经济和社会发展第十三个五年规划纲要》提出"深入推进山东、浙江、广东、福建、天津等全国海洋经济发展试点区建设"。同年 5 月，福建省人民政府印发了《福建省"十三五"海洋经济发展专项规划》，

明确了强化福州、厦漳泉两大海洋经济核心区引领作用，发展海洋新兴产业和现代海洋服务业，打造环三都澳、闽江口、湄洲湾、泉州湾、厦门湾、东山湾六大湾区海洋经济的区域海洋经济发展方向，以及到 2020 年全面建成海洋经济强省的总体目标。海洋生态环境保护建设目标方面，到 2020 年，陆源污染物排放总量得到控制，美丽岸线、生态港湾、滩涂湿地、海洋生物多样性修复等全面推进，海洋功能区水质达标率达 85% 以上，近岸海域一类、二类水质面积占海域面积的 72% 左右，自然岸线保有率不低于 37%，各类海洋功能区环境质量基本达标。

### 2.2.2　空间发展战略

#### 1. 推动闽东北、闽西南两大协同区协调发展

福建"十四五"将推进闽东北（包含福州、宁德、莆田、南平、平潭四市一区）、闽西南（包括厦门、漳州、泉州、龙岩、三明五市）两大协同区协调发展战略，即以福州—宁德—南平—鹰潭—上饶发展轴、厦门—漳州—龙岩—赣州发展轴、泉州—莆田—三明—抚州发展轴，通过做大港口群及沿海与内陆腹地交通通道联动建设，拓展西向腹地，强化山海协作，形成以点带面、联动发展的新格局，全省一盘棋，念好"山海经"。

#### 2. 构建"两极两带三轴六湾区"战略格局

福建"十四五"将构建"两极两带三轴六湾区"的战略格局，人口和工业进一步向沿海集中。其中，"两极"是指福州都市圈和厦漳泉都市圈。厦漳泉都市圈重点强化中心城市职能和国际化服务职能，推动区域整体升级，共同形成参与国际合作与竞争的高地。福州都市圈重点发挥省会中心城市龙头带动、平潭先行先试优势，建成重要的省会中心城市、两岸交流合作先行区。"两带"是指沿海城镇发展带和山区绿色发展带。"三轴"是指北部福州宁德至南平、中部泉州莆田至三明、南部厦门漳州至龙岩山海发展轴。"六湾区"是指三都澳、闽江口、湄洲湾、泉州湾、厦门湾、东山湾六个湾区，包括沙埕港、三都澳、罗源湾、闽江口、福清湾、兴化湾、湄洲湾、泉州湾、深沪湾、厦门湾、旧镇湾、东山湾、诏安湾 13 个重点港湾。

### 2.2.3　产业发展战略

#### 1. 建设先进制造业大省

推进主导产业高端化集聚化。推动电子信息产业跨越发展、推动石化产业全产业链发展、推动机械装备高端化发展，加快提升电子信息、石油化工、机

械装备三大主导产业的技术水平和产品层次，延伸产业链、壮大总量，增强核心竞争力。

推进战略性新兴产业规模化。实施新兴产业倍增计划，加快突破技术链、价值链和产业链的关键环节，推动新一代信息技术、新材料、新能源、节能环保、生物和新医药、海洋高新等产业规模化发展。

推进传统特色产业改造提升。轻工业重点推进食品工业、制鞋业、造纸业提升发展，打造全球顶尖的休闲运动鞋制造中心。纺织业发挥化纤、织造、染整、服装、纺机产业链优势，做大做强纺织化纤和服装生产基地。冶金业加快延伸下游精深加工产业，打造中国最大不锈钢产业基地和铜生产研发重要基地。电机电器重点推广集成制造、高效节能电机制造、精密制造等先进生产方式，鼓励发展高端产品。

福建省沿海各重点产业集聚区的重点制造业及发展目标详细情况如表 2.7 所示。

表 2.7 福建省重点制造业集群

| 重点产业 | 发展目标 | 重点区域 |
| --- | --- | --- |
| 集成电路和光电产业集群 | 闽东北经济协作区以福州为中心，带动莆田、宁德、平潭和南平等地区共同发展，依托福州经济技术开发区、福清融侨经济技术开发区、莆田高新区等产业集中区，支持壮大京东方、华映、华佳彩、瑞芯微、福联等企业，重点发展新型显示、集成电路及 LED 等产品 | 闽江口区、湄洲湾区等 |
| | 闽西南经济协作区以厦门为中心，带动泉州、漳州、三明和龙岩等地区共同发展，依托厦门火炬高新区、海沧信息产业园、泉州芯谷和泉州高新区等产业集中区，支持壮大联芯、晋华、宸鸿、友达、天马微、三安、士兰微、立达信、乾照等企业，重点发展新型显示、集成电路、化合物半导体及 LED 等产品 | 厦门湾区、泉州湾区等 |
| 计算机和网络通信产业集群 | 以福州、厦门为中心，依托福州经济技术开发区、福清融侨经济技术开发区、厦门火炬高新区、泉州高新区、仙游仙港工业园等产业集中区，支持壮大戴尔、冠捷、新大陆、星网锐捷等企业，重点发展计算机、通信设备、广电设备、视听设备、智能终端等产品 | 闽江口区、厦门湾区等 |
| 高端装备产业集群 | 以福州、厦门、泉州为中心，带动全省共同发展，依托厦门航空工业区、厦门（集美）机械工业集中区、闽江口船舶集中区、泉州台商投资区、泉州经济技术开发区、晋江经济开发区、南安经济开发区、南安滨江机械装备制造基地、洛江经济开发区、莆田高新区、三明高新区、龙岩经济技术开发区、闽台（南靖）精密机械产业园等产业集中区，支持壮大嘉泰数控、威诺数控、太古、龙净环保、上润精密仪器、厦船重工、马尾造船、厦工、龙工等企业，重点发展数控机床、工业机器人、环保设备、橡塑机械、工程机械、航空维修、高技术船舶及海工装备等产品 | 闽江口区、厦门湾区、泉州湾区等 |

| 重点产业 | 发展目标 | 重点区域 |
|---|---|---|
| 电工电器产业集群 | 闽东北经济协作区以宁德电机电器产业基地、福州输配电及控制设备制造基地和南平电线电缆产业基地为重点，依托福安经济开发区、漳湾工业集中区、政和机电产业园等产业集中区，支持壮大太阳能电缆、天宇电气、中能电气、安波电机、亚南电机等企业，重点发展电力装备、电机、电线电缆、照明灯具等产品 | 环三都澳区、南平市等 |
| | 闽西南经济协作区以厦门输配电及控制设备制造基地和漳州、泉州电工电器产业基地为重点，依托厦门火炬高新区、漳州台商投资区等产业集中区，支持壮大 ABB、施耐德、中骏电气、麦迪电气等企业，重点发展输配电设备、电力器具等产品 | 泉州湾区、厦门湾区等 |
| 汽车产业集群 | 闽东北经济协作区以福州、莆田、宁德汽车及配套零部件生产基地为重点，依托福建闽侯青口汽车工业园区、莆田高新区、宁德三屿工业园区、南平高新技术产业开发区等产业集中区，支持壮大东南汽车、奔驰、云度、上汽集团（宁德）、福耀玻璃、万润新能源、宁德时代电机等企业，重点发展乘用汽车及零部件等产品 | 闽江口区、湄洲湾区、环三都澳区等 |
| | 闽西南经济协作区以厦门为中心，推动泉州、漳州、三明、龙岩等地区协同发展，依托厦门（集美）机械工业集中区、龙岩经济技术开发区、三明埔岭汽车工业园等产业集中区，支持壮大金龙客车、金旅客车、海西汽车、龙马环卫、正兴车轮等企业，重点发展商用汽车及零部件、专用车等产品 | 厦门湾区、三明市、龙岩市等 |
| 石化一体化产业集群（湄洲湾和古雷） | 以湄洲湾石化产业基地和漳州古雷石化基地为中心，依托泉港石化工业园区、泉惠石化工业园区、古雷港经济开发区等主要产业集中区，支持壮大古雷石化、联合石化、中化泉州等企业，重点发展 PTA（pure terephthalic acid）、PX（p-xylene）、溶剂油、增塑剂、成品油、聚乙烯、聚丙烯、合成橡胶、烧碱、EO（ethylene oxide）/EG（ethylene glycol）等产品 | 湄洲湾区、东山湾区 |
| 化工新材料产业集群 | 以福清江阴化工新材料专区为中心，依托石门澳化工新材料产业园、仙游枫亭化工新材料产业园和连江可门经济开发区等产业集中区，支持壮大中景石化、中江石化、申远新材料、天辰耀隆、东南电化、永荣新材料、三棵树涂料、中锦新材料等企业，推进石化中下游产业链的化工新材料和精细化学品发展，重点发展聚丙烯、己内酰胺、PA6 切片、TDI（toluene diisocyanate）、烧碱、涂料等产品 | 闽江口区、湄洲湾区等 |
| 动力电池和稀土石墨烯新材料产业集群 | 以宁德、漳州、厦门、龙岩为中心，带动全省共同发展，依托东侨经济技术开发区、龙岩稀土工业园区、三明稀土产业园、厦门火炬高新区、永安石墨和石墨烯产业园、晋江石墨烯产业园等产业集中区和厦门大学石墨烯工程与产业研究院的技术，支持壮大宁德时代新能源、猛狮新能源、巨电新能源、厦门钨业、杉杉科技、金龙稀土等企业，重点发展动力电池、稀土功能材料及应用产品、石墨烯等新材料 | 环三都澳区、泉州湾区、三明市等 |
| 电力工业产业集群 | 优化电源结构和电源布局，电力装机稳步增长，清洁能源比重持续提升，形成"全省环网、沿海双廊"500 kV 超高压骨干网架。重点推进宁德、福州、漳州核电，周宁、永泰、厦门抽水蓄能电站、微电网示范项目及海上风电等清洁能源建设 | 环三都澳区、东山湾区等 |

| 重点产业 | 发展目标 | 重点区域 |
|---|---|---|
| 建材产业集群（泉州） | 以晋江南安建陶、南安石材、南安水暖厨卫为主导，依托南安经济开发区、南安水暖厨卫产业基地、南安水头石材产业基地等主要产业集中区，支持壮大建筑陶瓷、石材、水暖厨卫等行业龙头企业，重点发展新型建材、高端定制、智能家居等产品 | 泉州湾区等 |
| 现代钢铁产业 | 以三明、漳州、泉州、福州地区现代钢铁产业为中心，依托三明钢铁及加工区、漳州钢铁及加工区、福州钢铁集中区等产业集中区，支持壮大三钢集团、三宝钢铁等企业，重点发展车船用钢板、钢结构材料等下游应用产业 | 闽江口区、东山湾区、三明市等 |
| 不锈钢产业 | 以宁德、福州、漳州地区不锈钢产业为中心，依托宁德不锈钢工业集中区、福州不锈钢工业集中区、漳州不锈钢工业集中区、武平不锈钢产业园区等，支持壮大青拓集团、宝钢德盛不锈钢、福欣特殊钢、宏旺实业等企业，重点发展不锈钢深加工及应用产业链 | 环三都澳区等 |
| 金铜铝产业 | 以龙岩黄金产业，龙岩和宁德铜产业，南平、福州、厦门铝加工产业为中心，依托福州铝加工集群、上杭蛟洋循环经济产业园等产业集中区，支持壮大紫金矿业、中铝东南铜业、南平铝业、中铝瑞闽、厦顺铝箔等企业，重点发展 IT 行业、交通运输、太阳能和散热器配套需要的高附加值铝型材、高精度铝板带箔、复合材料和电子工业用铜、高精铜带（管）等产品 | 闽江口区、环三都澳区、龙岩市、南平市等 |
| 纺织化纤产业集群（福州） | 依托福州临空经济区，支持恒申合纤、金纶高纤、锦江科技、经纬新纤、长源纺织等企业，重点发展锦纶、氨纶等功能性差别化纤维，提高产业用纺织品比重，提升产业技术水平，构建形成聚合、化纤、棉纺、经编、针织、染整、服装较为完整的产业链，打造具有全球较强竞争力的纺织化纤生产基地 | 闽江口区等 |
| 纺织服装产业集群（泉州） | 以晋江、石狮等地的纺织服装产业为中心，支持壮大百宏、浔兴、七匹狼、九牧王、柒牌、劲霸、利郎、浩沙等企业，重点开发生物基纤维、仿棉纤维等新型纤维，拓展纤维新资源，开发多功能高档纺织面料，发展低能耗、低水耗、低污染物排放的生态染整加工技术 | 泉州湾区 |
| 纺织鞋服产业集群（莆田） | 依托仙港经济开发区、荔城经济开发区、华林经济开发区、涵江区新涵工业集中区等产业集中区，支持壮大华峰实业、才子服饰股份、双驰实业等企业，重点发展高性能、多功能、可降解材料、新型纳米材料等高端鞋面鞋材，促进鞋业供应链服务平台建设，打造个性化定制莆田鞋服区域品牌 | 湄洲湾区 |
| 制鞋产业集群（泉州） | 以晋江、石狮、南安、泉州开发区、惠安城南工业园区、台商投资区制鞋产业为中心，支持壮大安踏、鸿星尔克、特步、三六一度、匹克等企业，重点发展鞋材、旅游鞋、运动鞋、皮鞋、休闲鞋、时装鞋、童鞋等产品，推动旅游鞋、运动鞋等体育运动鞋类产品向高端化、差异化、功能化发展，提升鞋产业集聚水平，打造先进鞋业生产基地 | 泉州湾区 |

| 重点产业 | 发展目标 | 重点区域 |
|---|---|---|
| 纸及纸制品产业集群 | 依托泉州台商投资区纸及纸制品产业园、漳州台商投资区纸及纸制品产业园、三明青州纸及纸制品产业园等产业集中区，支持壮大恒安集团、优兰发集团、玖龙纸业、联盛纸业、青山纸业等企业，促进造纸企业整合提升，重点发展生活纸、包装纸及纸板、薄页纸、特种纸等产品 | 泉州湾区、东山湾区、三明市等 |
| 工艺美术产业集群 | 依托德化城东陶瓷园、惠安雕艺文化创意产业园、国际陶瓷艺术城、中国茶具城、永春香都产业园、莆田工艺美术城、仙游工艺产业园等产业集中区，支持壮大福州、泉州、莆田等地区工艺美术重点企业，重点发展工艺陶瓷、木雕、古典家具、金银珠宝、寿山石雕、石雕、漆艺、藤铁、建盏、工艺香等产品，加快福州、泉州、莆田等地工艺美术产业园建设，促进企业集中连片发展 | 泉州湾区、湄洲湾区等 |

### 2. 加速发展互联网经济

深入推进"数字福建"建设。推动移动互联网、云计算、大数据、物联网在经济社会各领域普及应用，发展分享经济。壮大电商经济规划，推进海峡两岸电子商务经济合作实验区建设。加快发展互联网金融，做强软件产业，加快发展移动互联网、工业控制系统、信息安全、集成电路设计及应用软件等特色产业集群。积极发展大数据产业，打造大数据产业集聚区。

福建省沿海各重点产业集聚区的重点数字经济产业及发展目标详细情况如表 2.8 所示。

### 表 2.8　福建省重点数字经济产业集群

| 重点产业 | 发展目标 | 重点区域 |
|---|---|---|
| 数字经济（软件和信息技术服务）产业集群 | 闽东北经济协作区以福州软件园、马尾物联网产业基地为重点，依托数字福建（长乐）产业园、南平武夷智谷软件园等产业集中区，重点发展互联网、大数据、人工智能，支持壮大福大自动化、新大陆、网龙、国脉等企业 | 闽江口区等 |
| | 闽西南经济协作区依托厦门软件园、泉州软件园、中国国际信息技术（福建）产业园、漳州华为芯谷产业园、龙岩软件园等产业集中区，重点发展文化科技、智能制造、无人机产业应用大数据平台等产品，支持壮大国网信通亿力、亿联网络、美亚柏科、咪咕动漫、南威软件等企业 | 厦门湾区、泉州湾区、漳州湾区域等 |

3. 建设海洋经济强省

深入推进海峡蓝色经济试验区建设。重点发展海洋水产品精深加工、远洋渔业、设施水产养殖和休闲渔业，打造现代海洋渔业基地。培育壮大海洋生物制药、生物制品、生物材料和海洋能等产业，打造海洋新兴产业基地。加快发展海洋旅游与海洋文化创意、港口物流、航运服务、涉海金融、信息服务等，打造现代海洋服务业基地。加快建设四大船舶产业集中区，大力发展专业船舶、船用机械配套产业和海工装备产业，打造高端临海产业基地。

福建省沿海各重点产业集聚区的重点海洋产业及发展目标详细情况如表 2.9 所示。

表 2.9　福建省重点海洋产业集群

| 重点产业 | 发展目标 | 重点区域 |
| --- | --- | --- |
| 生物与医药产业集群 | 发挥福州、厦门核心带动作用，加大引导企业兼并重组、整合资源，推进闽东北、闽西南两大协作区生物医药业协同发展。依托厦门海沧生物医药港、福州江阴原料药集中区、永春生物医药产业园、石狮海洋生物医药产业园、龙岩长汀医疗器械产业园、德润医疗产业园、三明生物医药产业园和荆东工业园、宁德闽东药城、诏安金都海洋生物产业园、邵武金塘工业园区、南平浦潭生物专业园、福建（光泽）中药产业园等产业集中区，支持壮大漳州片仔癀药业、福抗药业、广生堂药业、承天金岭药业、天泉药业、厦门特宝生物、厦门大博颖精医疗器械、凯力美医疗器材、仙芝科技等企业，重点发展生物医药、化学制药、中药、医疗器械及生物制品产业 | 厦门湾区、泉州湾区、闽江口区等 |
| 水产品精深加工产业集群 | 依托福清元洪国际食品产业园、连江经济开发区、东山经济开发区、诏安水产品加工区、宁德福鼎工业园区、东吴临港产业园、兴化湾南岸食品园等食品加工产业园区，支持壮大百洋海味、海欣、海壹、海之星等重点企业。重点引进水产品精深加工、冷链物流项目，通过完善养殖、加工、冷链仓储等上下游产业链，促进产业发展 | 六湾区均涉及 |

4. 大力推进农业现代化

优化现代农业产业结构和空间布局，大力发展生态农业、特色农业、精致农业、高效农业、外向型农业、休闲农业。打造茶叶、蔬菜、水果、畜禽、水产、林竹、花卉苗木等全产业链年产值超千亿元的优势特色产业。拓展农业多种功能，推动粮经饲统筹、农林牧渔结合、种养加一体、"一产接二连三"融合发展。鼓励形成"一村一品、一县一业"的特色农业产业集群。

福建省沿海各重点产业集聚区的重点农业产业及发展目标详细情况如表 2.10 所示。

表 2.10　福建省重点农业产业集群

| 重点产业 | 发展目标 | 重点区域 |
|---|---|---|
| 农副产品精深加工产业集群 | 以闽东南果蔬加工、沿海食用植物油加工、闽西北笋竹加工、闽西北畜禽产品加工、闽北乳品加工产业集群为中心，依托厦门市同安轻工食品工业区、漳州食品名城、南安官桥中国粮食城、晋江五里工业集中区、光泽中国生态食品城、湄洲湾北果东吴食品工业集中区、兴化湾南岸（涵江）食品产业园、太湖工业集中区、三明市三元荆东工业集中区等产业集中区，支持壮大紫山集团、福海粮油、南平圣农、厦门银祥、福建正大、长富乳业等企业，重点发展肉制品、笋竹、食用菌、食用植物油、果蔬坚果、乳制品等产品 | 厦门湾区、泉州湾区、南平市、三明市等 |
| 休闲食品产业集群 | 依托同安轻工食品工业区、同安工业集中区（思明、湖里园）、龙海东园工业区、龙海海澄工业集中区、晋江五里工业集中区、龙岩市经济开发区（东肖）、龙州工业集中区等产业集中区，支持壮大达利、盼盼、回头客等企业，重点发展烘焙食品、糖果巧克力、膨化食品、炒货干果、蜜饯果脯、果冻等产品 | 厦门湾区、泉州湾区等 |
| 茶产业集群 | 依托闽南乌龙茶区、闽北乌龙茶区、闽东北白（红）茶区，支持壮大八马、日春、华祥苑、天福、武夷星、正山堂、品品香、春伦等企业，重点打造安溪铁观音、武夷岩茶、福鼎白茶等区域公用品牌 | 安溪县、武夷山市、福鼎市等 |

## 5. 推动现代服务业大发展

重点发展旅游、健康养老、商贸流通、文化体育和家庭服务等生活性服务业，丰富服务内容、创新服务方式，实现总体规模持续扩大。加快旅游业转型升级，开展省内旅游资源整合，推动旅游与特色文化等相关产业融合，创建一批 5A 级旅游景区、国家旅游度假区和国家生态旅游示范区，培育若干家年营业额超十亿元的旅游产业集团和产业联盟。截至 2020 年，旅游业成为新兴主导产业，增加值占全省地区生产总值比重达 8%，打响"清新福建"品牌。

福建省沿海各重点产业集聚区的重点服务业产业及发展目标详细情况如表 2.11 所示。

表 2.11　福建省重点服务业产业集群

| 重点产业 | 发展目标 | 重点区域 |
|---|---|---|
| 物流产业集群 | 以厦门前场物流园、象屿保税物流园、福港综合物流园、漳龙物流园等为龙头，重点建设厦门、福州、泉州等国家物流园区布局城市，以及一批现代化综合物流园区、物流配送中心和共同配送末端网点，加快保税物流园区、保税海外仓等现代物流项目建设，推动物流、制造、商贸等联动发展 | 厦门湾区、闽江口区、泉州湾区等 |
| 旅游产业集群 | 大力推进全域生态旅游和优质旅游，围绕全国生态旅游先行区、海峡两岸旅游交流合作先行区和"21 世纪海上丝绸之路"旅游核心区建设，重点扶持发展福泉漳海丝文化、厦门全域旅游示范区、大武夷、福建土楼和平潭国际旅游岛五大产业集聚区，培育湄洲妈祖文化世界旅游岛、环东山岛旅游、闽西红色旅游、大戴云旅游、宁德渔家海岸旅游、沙溪百里画廊旅游六大新兴集聚区 | — |

# 第3章 浙闽沿海岸线资源的基本概况

## 3.1 浙闽两省社会经济发展现状及趋势

### 3.1.1 经济仍将快速发展，但增速放缓

浙闽两省经济长期处于高速增长态势，尤其是 2005 年以后（图 3.1）。仅 2015～2018 年，生产总值增长超过 2 万亿元，年均增长速率为 8.4%。从人均生产总值来看，2015～2018 年两省人均生产总值由 67 966 元增至 98 542 元。从分布区域来看，浙江省的杭州、宁波、绍兴等市和福建省的福州、厦门、泉州等市，其生产总值连续多年占本省生产总值的 50% 左右，已形成较为固定的经济区块体系。

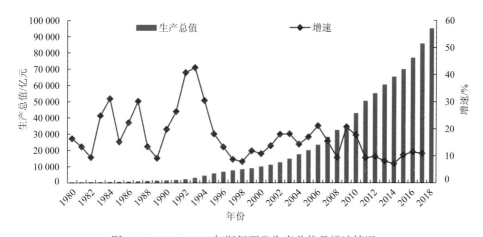

图 3.1　1980～2018 年浙闽两省生产总值及增速情况

从经济增长速度来看，2010 年以来，两省经济增速波动基本与全国保持同步，长期高于全国平均水平，但增速放缓，到 2018 年已基本持平。当前及"十四五"前期，两省经济社会发展将进入战略调整阶段，着力推动质量效率动力变革，构建高素质现代化产业体系，推动区域经济深度融合发展、提升高质量发展水平、打造区域融合发展先行示范区，而实施产业基础高级化和产业链现代化攻坚战、加快建成国家数字经济发展高地、促进产业融合发展协同发展均尚需时日，经济增长速度将放缓，年均增长水平预计保持在 8% 左右。

### 3.1.2 经济以第二产业为主,高端化趋势明显

2000 年以来,浙闽两省经济结构长期保持"二三一"模式,但随着"实现现代服务业大发展"战略的推进,至 2018 年,两省第三产业增加值占比达 45.2%,仅与第二产业占比相差 3.5 个百分点(图 3.2)。"十四五"期间,浙闽两省将向"三二一"高端化迈进,主动对接"中国制造 2025""互联网+",做大增量优化存量,积极发展服务型制造,深入实施产业龙头促进计划,培育一批千亿级产业集群、百亿级品牌企业和十亿级品牌产品,建成东部沿海先进制造业重要基地,实现现代服务业大发展,促进产业迈向中高端,打造区域产业升级版。

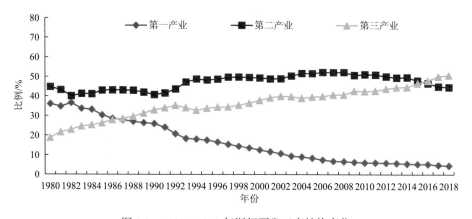

图 3.2  1980～2018 年浙闽两省三产结构变化

### 3.1.3 人口数量增长减弱,但向沿海集中

福建省人口增速长期高于全国平均水平,是全国人口净流入较多的地区。在总量上,浙闽两省人口发展将与全国同步进入重要转折期,实施全面两孩政策后,出生人口规模将出现短期回升(图 3.3),但 2020 年以后受育龄妇女数量减少等因素影响,出生人口数量持续减少,人口增长势能趋于减弱,生育水平将走低、人口数量增长惯性减弱,少子化、人口老龄化、劳动人口减量化趋势并存。在分布上,人口将进一步从山区向沿海聚集,经济实力较弱的山区市县将面临人口加速流出问题。

### 3.1.4 城镇化水平高,未来仍持续提升

浙闽两省城镇化率一直高于全国平均水平。"十四五"期间随着乡村振兴战略与新型城镇化的协同推进,福州都市圈、厦漳泉都市圈和部分区域中心城市郊区将率先实现城乡融合发展,两省城乡二元结构将向工农互补、城乡互补、全面融

合、共同繁荣的新型工农城乡关系方面重塑，基本建成以杭州、宁波、福州、厦门、漳州、泉州等大都市区为核心，包括周边城市在内的现代化城市群，城镇化水平将持续提升（图 3.4）。

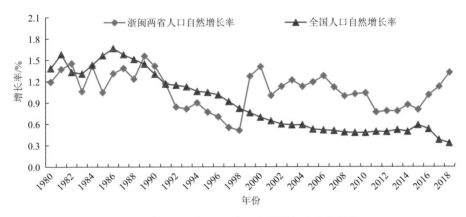

图 3.3　全国和浙闽两省人口自然增长率变化趋势

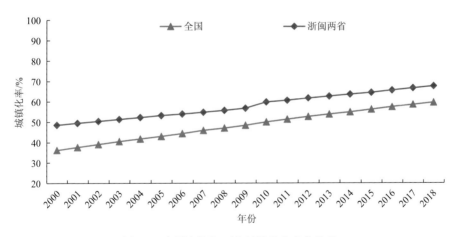

图 3.4　全国和浙闽两省城镇化率变化趋势

## 3.2　浙闽沿海岸线资源开发利用现状

### 3.2.1　海岸线资源分类与识别技术

以海岸线及后方陆域是否有大规模开发利用活动为标准，综合岸线利用、港口及交通运输、自然保护区、饮用水保护等相关规划及文件，将海岸线分为自然岸线、人工岸线和河口岸线三大类型。自然岸线又划分为基岩岸线、砂砾质岸线、淤泥质岸线和生物岸线；人工岸线划分为养殖围堤岸线、盐田围堤岸线、农田围堤岸线、港口码头岸线、工业生产岸线、城镇生活岸线和其他人工岸线。利用高清遥感影像、实地调查、时空数据库构建等手段，以海岸线及后方陆域是否有大规模开发利用活动为标准，使用目视解译人机交互的技术对沿海不同类型的岸线进行数字化提取，进而分析沿海各类型岸线资源的利用率及自然岸线保有率。基于遥感技术的海岸线资源类型分类与识别技术流程如图 3.5 所示。

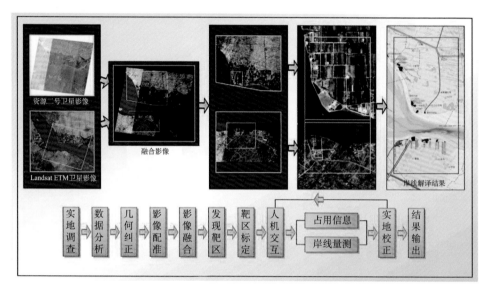

图 3.5　基于遥感技术的海岸线资源类型分类与识别技术流程

不同类型海岸线划定标准与影像判读如表 3.1 所示。

表 3.1　海岸线资源分类、定义、划定标准与影像判读

| 一级类 | 二级类 | 划定标准 | 示例 |
|---|---|---|---|
| 自然岸线 | 基岩岸线 | 基岩海岸一般比较弯曲，常有海岬和海湾，基岩岸线在影像上的位置在明显的海陆分界线上 | 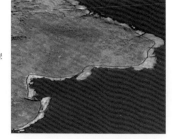 |

续表

| 一级类 | 二级类 | 划定标准 | 示例 |
|---|---|---|---|
| 自然岸线 | 砂砾质岸线 | 砂砾质海岸比较平直,受潮水影响,海滩上部往往有脊状砂质沉积。砂砾在卫星遥感影像上反射率较高,颜色为白色,滩脊痕迹线靠陆地一侧的边缘可作为其海岸线 |  |
| | 淤泥质岸线 | 淤泥质海岸向陆一侧常有一条耐盐植物生长茂盛与稀疏程度差异明显的界线,即为淤泥质岸线。对于已受人类开发的淤泥质海岸或区域,选择人工建筑如养殖池、盐田、道路等向海边界作为海岸线 |  |
| | 生物岸线 | 生物岸线一般分为红树林岸线、芦苇岸线和珊瑚礁岸线。在长江经济带,红树林多成片分布于杭州湾以南浙江南部的海湾上,红树林向陆一侧边界即为生物岸线的位置 | 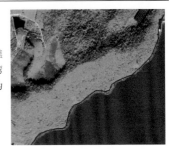 |
| 人工岸线 | 养殖围堤岸线 | 养殖区为人工修筑的圈围区域,界线较清晰,普遍尺度较大,一般呈长条状,很容易识别,养殖区向海一侧的外边缘即为海岸线位置所在 |  |

| 一级类 | 二级类 | 划定标准 | 示例 |
|---|---|---|---|
| 人工岸线 | 盐田围堤岸线 | 盐田呈规则小型方块状，大面积连续分布，由海向陆分布有沉淀池、蒸发池和结晶池。海岸线位置的确定与养殖围堤岸线类似，向海一侧的外边缘即为海岸线位置所在 |  |
|  | 农田围堤岸线 | 围垦农田是将通过围填海的方式形成的土地用于农林牧业，农田围堤一般与邻近耕地衔接。在作物生长季节，其在遥感影像上色调发红，纹理均匀。一般以围垦田埂为界 |  |
|  | 港口码头岸线 | 港口码头在遥感影像上色调多呈灰色或灰白色，边缘呈现齿状，具有防波堤、港池等附属地物。一般以港口堆场前沿线为界 |  |
|  | 工业生产岸线 | 分布在沿海地区的工矿企业一般有大堤保护，以前沿大堤线作为界线 |  |

续表

| 一级类 | 二级类 | 划定标准 | 示例 |
|---|---|---|---|
| 人工岸线 | 城镇生活岸线 | 如无大堤保护，则以水陆交互线为界；如有大堤保护，则以堤防线为界 |  |
| | 其他人工岸线 | 交通围堤、护岸、海堤、丁坝与其他水利工程一般以向海一侧边缘线为界；人工围滩一般以水陆交互线为界 |  |
| 河口岸线 | 河口岸线 | 若某个河口具有明确的河海分界线，且没有争议，则沿用现有的河海分界线作为河口岸线；如果没有明确的河海分界线，一般定在河流缩窄或两岬曲率最大处，或以最接近河口的防潮闸或跨河道路桥梁为河海分界 | 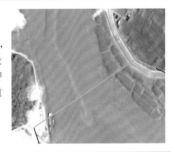 |

在岸线资源分类和识别的基础上，使用以下两个公式计算海洋各类型岸线资源利用率及自然岸线保有率。

**1. 岸线资源利用率计算**

岸线资源利用率是指已开发利用的岸线长度占岸线总长度的比例，用公式表示为

$$P_u = L_u / L_i \tag{3.1}$$

式中，$P_u$ 代表岸线资源利用率；$L_u$ 代表已开发利用的岸线长度；$L_i$ 代表岸线总长度。

2. 自然岸线保有率计算

自然岸线保有率用公式表示为

$$P_N = L_N / L \qquad (3.2)$$

式中，$P_N$ 代表自然岸线保有率；$L_N$ 代表自然岸线现状长度；$L$ 代表岸线总长度。

### 3.2.2 海岸线资源开发利用现状

浙闽两省海域辽阔，海洋资源丰富，海洋环境优越。沿海地市涉及 13 个地市和一个综合实验区。其中，浙江省所属城市包括杭州、嘉兴、宁波、绍兴、台州、温州、舟山；福建省所属城市（区）包括宁德、福州、平潭综合实验区、莆田、泉州、厦门、漳州。海岸线总长为 10 409 km，其中大陆海岸线为 5244 km，海岛岸线为 5165 km，共有海岛 3215 个，大小海湾 255 个。其中，福建沿海岸线中可建万吨级以上泊位的深水岸线长 201.9 km，三都澳、罗源湾、兴化湾、湄洲湾、厦门湾、东山湾可建 20～50 万吨级超大型泊位的深水岸线长 47 km。浙闽沿海地区海岸线曲折，深水岸线长度可观。沿海各市（区）海岸线长度如表 3.2、图 3.6所示。

表 3.2　浙闽两省各市（区）海岸线长度和占比

| 地区 | 大陆岸线总长度/km | 占浙闽两省比例/% | 海岛岸线总长度/km | 占浙闽两省比例/% |
|---|---|---|---|---|
| 杭州 | 29 | 0.55 | 0 | 0.00 |
| 嘉兴 | 108 | 2.06 | 8 | 0.16 |
| 宁波 | 632 | 12.05 | 402 | 7.78 |
| 绍兴 | 18 | 0.35 | 0 | 0.00 |
| 台州 | 404 | 7.70 | 487 | 9.43 |
| 温州 | 300 | 5.72 | 495 | 9.59 |
| 舟山 | 0 | 0.00 | 1496 | 28.97 |
| 宁德 | 1046 | 19.95 | 608 | 11.77 |
| 福州 | 920 | 17.54 | 492 | 9.53 |
| 平潭综合实验区 | 0 | 0.00 | 451 | 8.73 |
| 莆田 | 336 | 6.41 | 247 | 4.78 |
| 泉州 | 542 | 10.34 | 212 | 4.11 |
| 厦门 | 194 | 3.70 | 52 | 1.01 |
| 漳州 | 715 | 13.63 | 214 | 4.14 |
| 浙闽两省 | 5244 | 100.00 | 5165 | 100.00 |

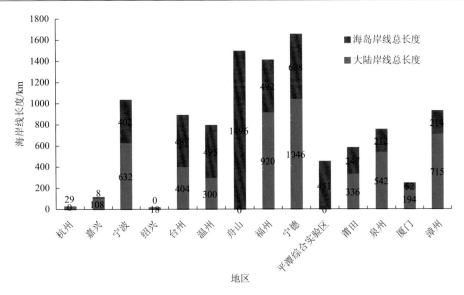

图 3.6　浙闽两省各市（区）海岸线长度

　　浙闽沿海地区岸线利用的主要类型可分为港口码头、城镇生活、工业生产、养殖围堤、农田围堤和交通水工等多种类型。2018 年，浙闽沿海地区大陆海岸线开发利用长度为 2851 km，总体开发利用率为 54.37%。分地市来看，对于浙江沿海地区，海岸线主要分布在宁波、台州、温州和舟山，分别为 1034 km、891 km、795 km、1496 km，分别占浙闽两省的 9.94%、8.56%、7.64%、14.37%。而杭州、嘉兴和绍兴等地市的海岸线分布较少。同时，对于福建沿海地区，北部地市大陆岸线开发利用率低于全省平均水平，如宁德市大陆海岸线开发利用率为 45.79%，福州市为 55.33%；而南部沿海地市大陆海岸线开发利用率整体较高，其中厦门市大陆海岸线开发利用率达 97.94%，居沿海城市第一位，莆田市、泉州市、漳州市大陆海岸线开发利用率分别为 72.62%、78.78%、69.37%，均超过福建省平均水平（表 3.3、图 3.7）。

表 3.3　浙闽两省各市（区）海岸线利用现状

| 地区 | 大陆岸线<br>总长度/km | 大陆岸线开发<br>利用率/% | 大陆岸线开发<br>利用长度/km | 海岛岸线总<br>长度/km | 海岛岸线开发<br>利用率/% | 海岛岸线开<br>发利用长度<br>/km |
|---|---|---|---|---|---|---|
| 杭州 | 29 | 62.07 | 18 | 0 | 0.00 | 0 |
| 嘉兴 | 108 | 22.22 | 24 | 8 | 0.00 | 0 |
| 宁波 | 632 | 48.73 | 308 | 402 | 2.49 | 10 |
| 绍兴 | 18 | 16.67 | 3 | 0 | 0.00 | 0 |

续表

| 地区 | 大陆岸线总长度/km | 大陆岸线开发利用率/% | 大陆岸线开发利用长度/km | 海岛岸线总长度/km | 海岛岸线开发利用率/% | 海岛岸线开发利用长度/km |
|---|---|---|---|---|---|---|
| 台州 | 404 | 32.92 | 133 | 487 | 1.23 | 6 |
| 温州 | 300 | 6.67 | 20 | 495 | 5.45 | 27 |
| 舟山 | 0 | 0.00 | 0 | 1496 | 23.13 | 346 |
| 福州 | 920 | 55.33 | 509 | 492 | 24.19 | 119 |
| 宁德 | 1046 | 45.79 | 479 | 608 | 7.89 | 48 |
| 平潭综合实验区 | 0 | 0.00 | 0 | 451 | 43.68 | 197 |
| 莆田 | 336 | 72.62 | 244 | 247 | 53.44 | 132 |
| 泉州 | 542 | 78.78 | 427 | 212 | 14.15 | 30 |
| 厦门 | 194 | 97.94 | 190 | 52 | 40.38 | 21 |
| 漳州 | 715 | 69.37 | 496 | 214 | 44.39 | 95 |
| 浙闽两省 | 5244 | 54.37 | 2851 | 5165 | 19.96 | 1031 |

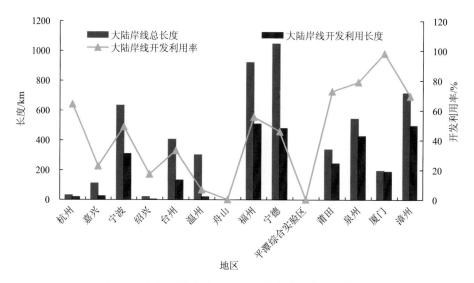

图 3.7　浙闽沿海各市（区）大陆岸线开发利用情况

　　浙闽两省海岛岸线开发利用长度为 1031 km，总体开发利用率相对较低，仅为 19.96%。分地市来看，浙江沿海地区的海岛岸线集中分布在舟山市，长度高达 1496 km，利用率也较高，为 23.13%，居浙江沿海 7 地市之首。对于福建沿海地区，与大陆岸线的空间分布特征相似，总体呈现南部高于北部的特征，除平潭综合实验区（43.68%）以外，其余高于全省海岛岸线开发利用率平均水平的莆田市（53.44%）、厦门市（40.38%）、漳州市（44.39%）均位于福建省南部（表 3.3、图 3.8）。

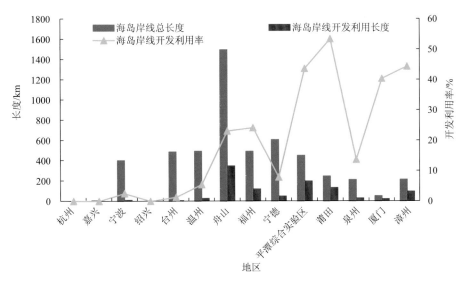

图 3.8 浙闽沿海各市（区）海岛岸线开发利用情况

浙闽沿海地区大陆岸线的开发利用活动以养殖围堤岸线、城镇生活岸线、港口码头岸线为主，其中养殖围堤岸线占比最大，为 44.44%，长度为 1267 km；城镇生活岸线次之，占比为 17.36%，长度为 495 km；港口码头岸线为再次，占比为 13.29%，长度为 379 km；工业生产岸线占比 12.07%，长度为 344 km。养殖围

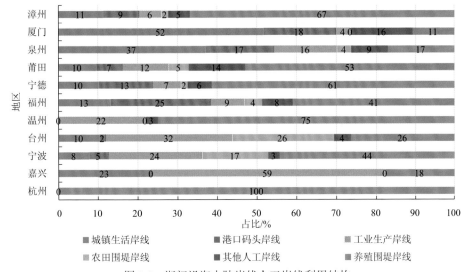

图 3.9 浙闽沿海大陆岸线人工岸线利用结构

堤岸线主要分布在浙江省北部的宁波（137 km）、福建省北部的宁德（294 km）、福州（209 km）和南部的漳州（333 km），这四市的养殖围堤岸线占浙闽沿海地区养殖围堤岸线总长度的 76.80%。有 74.14%的港口码头岸线集中分布于宁波、福州、宁德、泉州等四个城市。总的来看，大陆岸线中已利用岸线以养殖围堤岸线为主，城镇生活岸线比例适中，港口码头和工业生产岸线占比不高（图 3.9、表 3.4）。

表 3.4　浙闽沿海大陆岸线人工岸线利用状况

| 类型 | 杭州 | 嘉兴 | 宁波 | 台州 | 温州 | 福州 | 宁德 | 莆田 | 泉州 | 厦门 | 漳州 |
|---|---|---|---|---|---|---|---|---|---|---|---|
| 岸线长度/km | 29 | 108 | 632 | 404 | 300 | 920 | 1046 | 336 | 542 | 194 | 715 |
| 利用长度/km | 18 | 24 | 308 | 133 | 20 | 509 | 479 | 244 | 427 | 190 | 496 |
| # 城镇生活岸线/km | 0 | 6 | 24 | 14 | 0 | 67 | 49 | 23 | 158 | 98 | 56 |
| # 港口码头岸线/km | 0 | 0 | 15 | 2 | 0 | 128 | 65 | 16 | 73 | 35 | 45 |
| # 工业生产岸线/km | 0 | 14 | 73 | 42 | 4 | 44 | 35 | 29 | 68 | 7 | 28 |
| # 农田围堤岸线/km | 0 | 0 | 51 | 34 | 0 | 23 | 8 | 12 | 15 | 0 | 8 |
| # 其他人工岸线/km | 0 | 0 | 9 | 6 | 1 | 39 | 29 | 35 | 39 | 30 | 27 |
| # 养殖围堤岸线/km | 18 | 4 | 137 | 35 | 15 | 209 | 294 | 129 | 73 | 20 | 333 |
| 利用率/% | 62 | 22 | 49 | 33 | 7 | 55 | 46 | 73 | 79 | 98 | 70 |

浙闽沿海地区海岛岸线的开发利用活动以城镇生活岸线为主，长度为 386 km，占利用岸线的 37.77%；其次为农田围堤岸线，长度为 248 km，占比为 24.08%；其他岸线利用方式所占比例较少。其中，城镇生活岸线主要集中于福建省海域中部的平潭综合实验区（146 km）和莆田（112 km）；养殖围堤岸线主要分布在舟山（57 km）、宁德（27 km）、福州（37 km）、漳州（53 km）四个城市所辖海域；港口码头岸线则集中分布在舟山（71 km）、温州（22 km）、平潭综合实验区（25 km）、莆田（17 km）、泉州（16 km）。总的来看，浙闽沿海地区海岛岸线利用率适中，已利用岸线中以城镇生活岸线居多，工业生产岸线和港口码头岸线较少，岸线自然风貌保持较好（表 3.5、图 3.10）。

表 3.5　浙闽两省各市（区）海岛岸线人工岸线利用状况

| 类型/地区 | 宁波 | 台州 | 温州 | 舟山 | 福州 | 宁德 | 平潭 | 莆田 | 泉州 | 厦门 | 漳州 |
|---|---|---|---|---|---|---|---|---|---|---|---|
| 岸线长度/km | 402 | 487 | 495 | 1496 | 492 | 608 | 451 | 247 | 212 | 52 | 214 |
| 利用长度/km | 10 | 6 | 27 | 346 | 119 | 48 | 197 | 132 | 30 | 21 | 95 |
| # 城镇生活岸线/km | 0 | 0 | 0 | 0 | 51 | 10 | 146 | 112 | 10 | 16 | 41 |
| # 港口码头岸线/km | 5 | 6 | 22 | 71 | 3 | 12 | 25 | 17 | 16 | 2 | 1 |
| # 工业生产岸线/km | 0 | 0 | 0 | 0 | 0 | 2 | 0 | 0 | 0 | 0 | 0 |

续表

| 类型/地区 | 宁波 | 台州 | 温州 | 舟山 | 福州 | 宁德 | 平潭 | 莆田 | 泉州 | 厦门 | 漳州 |
|---|---|---|---|---|---|---|---|---|---|---|---|
| # 农田围堤岸线/km | 5 | 0 | 0 | 217 | 26 | 0 | 0 | 0 | 0 | 0 | 0 |
| # 其他人工岸线/km | 0 | 0 | 0 | 0 | 0 | 0 | 17 | 0 | 0 | 0 | 0 |
| # 养殖围堤岸线/km | 0 | 0 | 5 | 57 | 37 | 27 | 9 | 3 | 4 | 2 | 53 |
| 利用率/% | 2 | 1 | 5 | 23 | 24 | 8 | 44 | 53 | 14 | 40 | 44 |

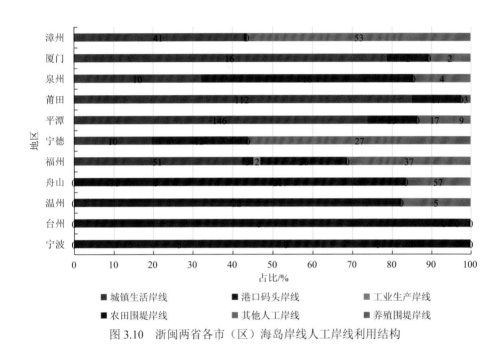

图 3.10　浙闽两省各市（区）海岛岸线人工岸线利用结构

## 3.3　海岸线开发利用问题

### 3.3.1　滩涂围垦强度大，海岸线资源减少

随着海洋产业的迅猛发展，浅海滩涂已经成为海洋开发行业聚集的重要场所，并且随着它的开发利用，也产生了巨大的社会效益。2015 年，浙闽沿海地区海水可养殖面积为 10.146 万 $hm^2$，其中滩涂可养殖面积为 5.739 万 $hm^2$；海盐产量为 17.05 万 t，均在浅海滩涂晒制。海岸滩涂开发利用中最突出的是围海造陆和围海造地，改变了海岸线的自然形态，使得原本曲折多变的海岸线变得平直而单调，人工海岸线的比重不断上升，而自然岸线的比重不断下降，导致一些小海湾消失。此外，筑堤围垦也导致了自然环境的恶化，如产生了港口航道淤积、生态环境破坏、区域盐碱化等问题。

### 3.3.2 海岸线开发产生的土壤污染严重

土壤污染状况调查结果显示，浙闽沿海地区土壤环境质量总体良好，局部地区存在污染现象。影响土壤环境质量的主要无机物指标为镍、镉、汞、钒、锰等，有机物指标为多环芳烃、滴滴涕和酞酸酯。土壤中重金属污染总体较轻，大部分区域土壤中金属元素检出浓度较低，但与"十五"调查背景值相比，砷、镉、硒等元素在少数区域有累积并呈加重趋势。

浙闽沿海地区土壤环境问题主要表现在：

一是，耕地生态环境质量退化比较明显，土壤重金属污染形势更趋严峻，局部镉、汞、铅、砷等污染是导致耕地质量下降的主要原因，如嘉兴市土壤重金属污染达到轻度污染级别的比例占42.18%，是区域平均水平20.02%的一倍多。

二是，重污染企业周边土壤污染严重，存在健康和生态风险。部分工业园及周边地区土壤镉、铅污染，油田、采矿区及周边地区土壤砷、铅污染和重污染企业地区土壤镉、汞、铅和锌污染问题突出。

三是，搬迁企业遗留或遗弃场地土壤存在严重环境安全隐患。"十一五"期间，随着城镇化加快和产业结构调整，城区大量化工企业搬迁或关停，部分化工遗留或遗弃场地的土壤污染严重，尚未纳入有效管理，存在健康风险，这类场地土地再开发利用存在的环境风险不容忽视。

四是，污灌区土壤污染威胁农产品安全。污灌区土壤存在不同程度的健康风险和生态风险，部分污灌区土壤污染严重，已经影响农产品安全。污灌区重度污染区农产品中存在重金属含量超标现象。

### 3.3.3 海岸线开发对生物生境造成威胁

长期快速的城市化与工业化进程对研究区中生物生境安全造成了巨大的威胁，主要表现在以下几个方面。

#### 1. 生物栖息地的减少和破碎化

目前浙闽沿海地区正处于快速城市化阶段，各种用地类型的数量和结构正处于剧烈的变化过程中，整体景观格局正在重构。在研究区内土地利用类型中，林地、园地、水域、草地及城市绿地是生物最主要的栖息地，而建设用地是对生物栖息干扰最大的用地类型。建设用地无序蔓延式增长，必然会导致自然系统的破碎化。尽管在市域尺度上，林地、园地面积有一定幅度的增加，但多为林种结构单一的人工林（2015年浙闽沿海地区中有林地面积为 25 390.7 hm$^2$，仅占林地总面积的 51.2%，而灌木林地和疏林地合占 42.9%）和受人工管理的经济林，生态价值有限。因此，从生物栖息地的保护角度看，研究区生物过程在土地利用结构的转变中面临着巨大的考验。

### 2. 自然保护区网络尚待完善

浙闽沿海地区现有自然保护区大多是采用单个的、孤立的自然保护区为主的生物多样性保护模式，这种保护模式重视保护区内物种、种群和生态系统类型的就地保护，而忽视了保护区与外部环境的关系，以及保护区与保护区之间的联系。同时，各个分散分布的自然保护区像孤立的岛屿，彼此之间缺乏有机的联系，更谈不上保护区之间的物质循环、能量流动和信息传递，因此不能有效保护生态系统的完整性。

### 3. 景观现状与人工干扰对生物过程的影响

浙闽沿海地区目前的景观格局和人工干扰对境内的生物过程和生物多样性保护具有重要的影响，本书在梳理浙闽沿海地区境内生物生境及其迁徙特征的基础上，分析了景观格局变化及人工干扰对区域生物过程和生物多样性保护的影响，见表3.6。

表3.6　浙闽沿海地区景观现状和人工干扰对生物过程的影响

| 现状 | 对景观格局的干扰 | 对生物过程的影响 |
| --- | --- | --- |
| 高等级公路和铁路的建设 | 浙闽沿海地区境内高速公路、国道、省道等近年来发展很快，路网密度有极大提高 | 大规模的道路建设使生物生境日益破碎化，同时道路对生物在不同生境中的迁移产生了巨大的阻碍作用。如铁路和公路切断了各生态系统间物种流动的路径，迁徙动物在穿越道路时存在巨大风险 |
| 大型水利工程威胁生物过程 | 一系列的水利工程设施的修建，包括堤防、水闸、水库、标准鱼塘等，对区域景观产生了较大的干扰 | 在一定程度上阻碍了生物的迁徙，尤其是水生动物的迁徙。再者，大型的水利工程对于其他陆生动物的迁徙活动也造成了很大威胁 |
| 各类开发区、城市和集镇建设威胁生物过程 | 浙闽沿海地区内的工业区和新城的建设因其规模较大，对区域景观生态安全产生较大的负面影响 | 造成一些滨海原有生态格局的破坏，乃至消失；造成污染加剧，导致生物栖息地破碎化、缩小乃至消失 |
| 滩涂围垦威胁生物过程 | 浙闽沿海地区工业区围填造地，表现为逐步推进的围垦造地 | 浙闽沿海地区滩涂和湿地是重要的生物多样性基地，围垦会破坏鸟类栖息地、破坏生态平衡，造成物种种类和数量减少 |
| 环境污染威胁生物过程 | 随着工业发展，对当地环境尤其是水环境及其相关的土壤环境造成较严重的污染 | 在被污染的水体里，两栖动物数量大幅度下降，同时对爬行动物也有较大影响。由于污水的灌溉，常常造成土壤生态系统退化，影响土壤微生物及地上植物的生长 |

## 3.3.4　行政分割，海岸线开发缺乏统筹

海岸线的开发利用和管理涉及水利、国土、交通、航运、海事、市政、环保

等多部门，出于对岸线资源及空间进行有效保护与管理的目的，各部门都出台了相应的法规，但受部门权责范围限制，以及部门保护和行业利益驱动等其他因素影响，存在着主次不分、权限不明、范围不清、权责不一、管理交叉、相互重叠等现象，管理法规、管理权限重叠，权责不对应，难以对岸线涉及的防洪、供水、航运、水生态、环境保护等功能进行统筹和协调。同时，由于流域管理和行政区域管理之间、部门之间和行业之间缺乏有效的沟通、协调机制，导致政出多头，各自为政，难以形成合力。对于跨市边界地区而言，上下游、左右岸的统筹仍存在短板；部分项目从各自需求出发，缺乏与国民经济发展及其他相关行业规划的协调，常以单一功能进行岸线开发利用，存在岸线资源复合功能考虑不足，重开发利用、轻岸线保护，重港口工业布局、轻游憩亲水空间谋划等现象，致使海岸线资源配置不够合理，总体利用效率不高，不能充分发挥效能，造成海岸线资源的严重浪费。

# 第4章 海岸线资源的评价方法

## 4.1 海岸线开发适宜性评价技术方法

针对海岸线的特征，本书主要从岸前水域条件、后方陆域条件及近海潮汐状况等方面建立相应的海岸线开发适宜性评价指标体系，选取指标及划定标准如表4.1和表4.2所示。

表4.1 海岸线开发适宜性评价指标体系

| 目标层 | 指标层 | 数据层 |
|---|---|---|
| 海岸线开发利用适宜性评价 A | 岸前水域条件 B1 | -10 m 等深线离岸距离 C1 |
| | 后方陆域条件 B2 | 陆域纵深 C2 |
| | 近海潮汐状况 B3 | 潮差高度 C3 |

表4.2 海岸线开发适宜性等级划定标准

| 指标层 | 评价指标标准值 | | |
|---|---|---|---|
| | I | II | III |
| C1 | -10 m 等深线距岸 5 km 以内的岸段 | -10 m 等深线距岸 5~10 km 的岸段 | -10 m 等深线距岸大于 10 km 的岸段 |
| C2 | 低海拔平原；低海拔台地 | 低海拔丘陵；低海拔小起伏山地 | 低海拔中起伏山地 |
| C3 | <2.5 m | 2.5~3.5 m | >3.5 m |

通过以上指标体系，对浙闽沿海岸线开发适宜性进行综合评价。获取两省大陆海岸线后方陆域 1 km 范围的地形图和高清遥感影像数据，建立岸线 2 km 缓冲区，逐段量测判断岸前-10 m 等深线离岸距离、岸线后方 2 km 陆域的平均海拔（$\bar{H}$）和平均地形起伏度（$\bar{R}$）、近岸潮差高度，结合海岸线岸前水域条件、后方陆域条件、近海潮汐状况等级划定标准对岸线开发适宜性条件进行判定，并通过 ArcGIS 制图进行空间表达和空间分析。将岸线划分为 I 级、II 级与III级，其中 I 级开发条件最佳，适宜开发利用，II 级较适宜开发利用，III级较不适宜开发利用。具体步骤如图 4.1 所示。

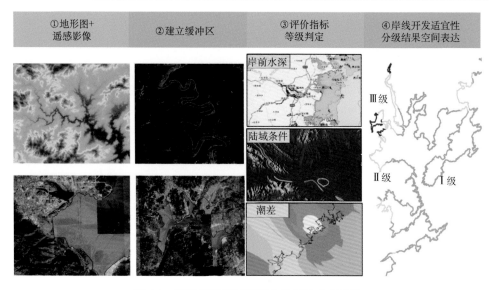

图 4.1　海岸线资源开发适宜性评价技术路线

# 4.2　海岸线生态环境敏感性评价方法

依据浙闽沿海生态环境的特征，选取适当指标构建海岸线生态环境敏感性（Ei）评价指标体系（表 4.3）。对于海岸线，主要选取海洋保护区，海洋自然景观与历史文化遗迹，特殊保护海岛，珍稀濒危海洋物种集中分布区，重要河口、重要滨海湿地，重要自然岸线及沙源保护海域，重要渔业水域，红树林区、造礁珊瑚区及具有重要生态价值的其他岸段等指标。其中，位于海洋保护区，海洋自然

表 4.3　海岸线生态环境敏感性评价指标体系

| 海岸线类型 | 保护区类型 |
| --- | --- |
| 极重要优先保护岸线 | 海洋保护区 |
|  | 海洋自然景观与历史文化遗迹 |
|  | 特殊保护海岛 |
|  | 珍稀濒危海洋物种集中分布区 |
|  | 重要河口、重要滨海湿地 |
|  | 重要自然岸线及沙源保护海域 |
|  | 重要渔业水域 |
|  | 红树林区、造礁珊瑚区 |
| 重要优先保护岸线 | 具有重要生态价值的其他岸段 |

景观与历史文化遗迹,特殊保护海岛,珍稀濒危海洋物种集中分布区,重要河口、重要滨海湿地,重要自然岸线及沙源保护海域,重要渔业水域,红树林区、造礁珊瑚区等海岸线生态敏感区内的海岸线为极重要优先保护岸线,具有重要生态价值的其他岸段为重要优先保护岸线。浙闽沿海岸线生态敏感区涉及大陆海岸线、海岛海岸线。

## 4.3　海岸线资源综合评价技术方法

### 1. 岸线资源评估指标体系及管控分区

以统筹海岸线资源开发利用、强化岸线资源保护、维系近岸陆域和海域优良生态环境为目的,在研判浙闽两省海岸线资源条件及开发利用总体态势的基础上,结合海岸线生态环境敏感性分析,识别海岸线资源利用过程中存在的关键问题,评估海岸线的开发利用活动对生态环境的累积性影响,进而开展海岸线资源综合评价,对海岸线空间管控区进行划定。具体划定的技术路线如图 4.2 所示。

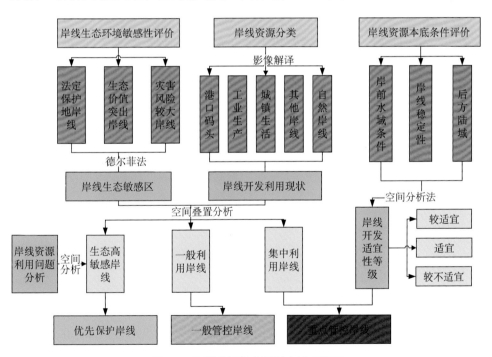

图 4.2　海岸线管控分区划定技术路线

### 2. 岸线管控分区类别

优先保护岸线：研究范围内优先保护岸线划分有以下几类情况。

（1）饮用水源地一级保护区、二级保护区等为保障供水安全划定的区域内所涉岸段；

（2）省级及以上自然保护区核心区、缓冲区、部分实验区内所涉岸段；

（3）国家水产种质资源保护区核心区、部分实验区内所涉岸段；

（4）重要湿地、森林公园、国家级风景名胜区、重点生态公益林、沿海防护林等区域范围内，为满足生态保护需要的部分区域内所涉岸段；

（5）自然形态保持较好、生态功能重要与资源价值显著的自然岸线或自然形态保持基本完好、生态功能与资源价值较高、开发利用程度较低的岸段。

重点管控岸线：研究范围内重点管控岸线划分有以下几类情况。

（1）岸线优先保护区之外，工业企业临岸密集分布的岸线区段；

（2）岸线优先保护区之外，港口码头临岸密集分布的岸线区段；

（3）岸线优先保护区之外，岸线利用条件较好的人工化程度较高或者规划开发利用的岸线，但岸线开发利用对生态环境、防洪安全，以及河势稳定等具有一定影响的岸段。

一般管控岸线：研究范围内优先保护和重点管控岸线之外的岸线。

## 4.4　海岸线数据收集与整理

经过各方协调，目前收集到的数据包括高分辨率遥感影像，基础地理信息数据，第二次全国土地资源调查，土地利用变更调查，多目标地球化学调查数据，地形地貌、植被、气候、水资源及社会经济数据等基础和专题数据、图件，具体可见表4.4。

表 4.4　收集的数据与资料清单

| 数据类别 | 生成时间 | 来源 |
| --- | --- | --- |
| 第二次全国土地资源调查（1∶5000） | 2009 年 | 自然资源局 |
| 土地利用变更调查（1∶5000） | 2010～2017 年 | 自然资源局 |
| 高分辨率遥感影像（0.5 m 分辨率） | 2009～2017 年 | 土地规划勘测院 |
| DEM、Slope（30 m 分辨率） | 2012 年 | 国际科学数据共享平台 |
| 农用地分等数据库 | 2012 年 | 土地整理中心 |
| 区域环境质量数据 | 2017 年 | 浙闽两省环保局 |
| VGT-S10 NDVI 数据集 | 2008～2017 年 | VITO/CTIV 网站 |

续表

| 数据类别 | 生成时间 | 来源 |
|---|---|---|
| 气象资料 | 1990~2017 年 | 购买 |
| 31 县（市、区）统计年鉴 | 2009~2017 年 | 自然资源局、统计局 |
| 浙闽两省统计年鉴 | 2009~2017 年 | 浙闽两省统计局网站 |
| 多目标地球化学数据 | 2010 年 | 地质调查研究院 |
| 乡镇土地利用总体规划 | 2012 年 | 自然资源局 |
| 耕地质量相关资料 | 2009~2012 年 | 自然资源局 |
| 相关科研项目资料 | 2009~2017 年 | 自然资源局 |

# 第 5 章　浙闽沿海地区岸线资源评价结果

## 5.1　浙闽沿海岸线开发适宜性评价结果

如表 5.1、图 5.1 所示，浙闽沿海地市大陆海岸线资源本底条件优良，Ⅰ级/Ⅱ级岸线共有 3879 km，占岸线总长的 73.97%（图 5.2）。

表 5.1　浙闽沿海地市大陆岸线资源开发适宜性分级情况　　（单位：km）

| 地区 | 岸线长度 | Ⅲ级岸线 | Ⅱ级岸线 | Ⅰ级岸线 |
|---|---|---|---|---|
| 杭州市 | 29 | 0 | 29 | 0 |
| 嘉兴市 | 108 | 11 | 92 | 5 |
| 宁波市 | 632 | 320 | 297 | 15 |
| 绍兴市 | 18 | 2 | 16 | 0 |
| 台州市 | 404 | 195 | 209 | 0 |
| 温州市 | 300 | 235 | 65 | 0 |
| 浙江省 | 1491 | 763 | 708 | 20 |
| 福州市 | 920 | 92 | 752 | 76 |
| 宁德市 | 1046 | 390 | 656 | 0 |
| 莆田市 | 336 | 89 | 156 | 91 |
| 泉州市 | 542 | 31 | 309 | 202 |
| 厦门市 | 194 | 0 | 5 | 189 |
| 漳州市 | 715 | 0 | 212 | 503 |
| 福建省 | 3753 | 602 | 2090 | 1061 |
| 总计 | 5244 | 1365 | 2798 | 1081 |

具体而言，浙江省杭州市Ⅰ级/Ⅱ级岸线共有 29 km，占岸线总长的 100.00%，Ⅲ级岸线 0 km；嘉兴市Ⅰ级/Ⅱ级岸线共有 97 km，占岸线总长的 89.81%，Ⅲ级岸线 11 km，占总长的 10.19%；宁波市Ⅰ级/Ⅱ级岸线共有 312 km，占岸线总长的 49.37%，Ⅲ级岸线 320 km，占总长的 50.63%；绍兴市Ⅰ级/Ⅱ级岸线共有 16 km，占岸线总长的 88.89%，Ⅲ级岸线 2 km，占总长的 11.11%；台州市Ⅰ级/Ⅱ级岸线共有 209 km，占岸线总长的 51.73%，Ⅲ级岸线 195 km，占总长的 48.27%；温州市Ⅰ级/Ⅱ级岸线共有 65 km，占岸线总长的 21.67%，Ⅲ级岸线 235 km，占总长的 78.33%。

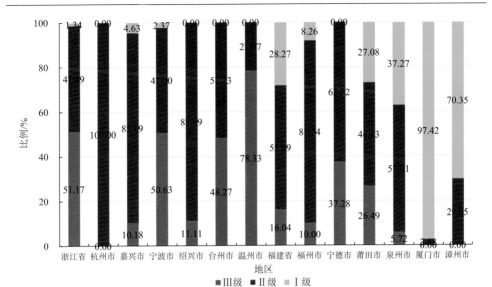

图 5.1　浙闽两省及各市（区）大陆岸线资源本底条件状况

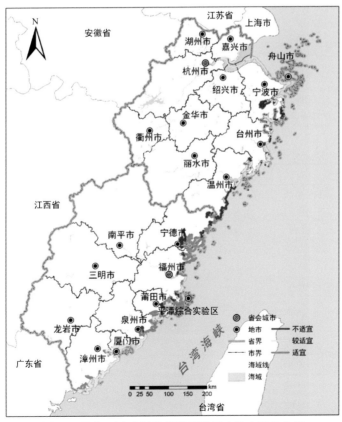

图 5.2　浙闽两省大陆海岸线开发适宜性空间分布图

　　福建省福州市Ⅰ级/Ⅱ级岸线共有 828 km,占岸线总长的 90.00%,Ⅲ级岸线 92 km,占总长的 10.00%;宁德市Ⅰ级/Ⅱ级岸线共有 656 km,占岸线总长的 62.72%,Ⅲ级岸线 390 km,占总长的 37.28%;莆田市Ⅰ级/Ⅱ级岸线共有 247 km, 占岸线总长的 73.51%,Ⅲ级岸线 89 km,占总长的 26.49%;泉州市Ⅰ级/Ⅱ级岸 线共有 511 km,占岸线总长的 94.28%,Ⅲ级岸线 31 km,占总长的 5.72%;厦门 市Ⅰ级/Ⅱ级岸线共有 194 km,占岸线总长的 100%,Ⅲ级岸线 0 km;漳州市Ⅰ级/ Ⅱ级岸线共有 715 km,占岸线总长的 100%,Ⅲ级岸线 0 km。厦门市和漳州市的 岸线资源本底条件尤其突出,分别有 97.42%和 70.35%的岸线属于Ⅰ级优质岸线, 没有Ⅲ级岸线。

## 5.2　浙闽沿海岸线生态环境敏感性评价结果

　　浙闽沿海各地市生态环境敏感性岸线现状如表 5.2、表 5.3 所示。具体而言, 浙江省大陆海岸线中生态环境敏感岸线长 429.30 km,占总长的 28.79%,其中极 重要优先保护岸线长度为 66.69 km,占总长度的 4.47%;重要优先保护岸线长度 为 362.61 km,占总长度的 24.32%。浙江省大陆海岸线中自然岸线长为 845 km, 自然岸线保有率为 54.92%,大于生态环境敏感岸线占比。大陆海岸线中极重要优先 保护岸线分布较为分散,主要集中在北部的宁波市,南部的台州市有大段分布。大 陆海岸线重要优先保护岸线主要集中于浙江省大陆海岸线的北部,主要分布于温州 市,长度高达 293.14 km,占浙江省大陆海岸线重要优先保护岸线的比重高达 80.84%。

表 5.2　浙闽两省及各地市生态环境敏感性岸线现状(一)　　　(单位:km)

| 地区 | 大陆海岸线 | | | 海岛海岸线 | | |
|---|---|---|---|---|---|---|
| | 生态敏感岸线长度 | 重要优先保护岸线 | 极重要优先保护岸线 | 生态敏感岸线长度 | 重要优先保护岸线 | 极重要优先保护岸线 |
| 杭州市 | 0.00 | 0.00 | 0.00 | 0.00 | 0.00 | 0.00 |
| 嘉兴市 | 33.65 | 33.65 | 0.00 | 6.19 | 6.19 | 0.00 |
| 宁波市 | 77.57 | 20.00 | 57.57 | 47.09 | 11.83 | 35.26 |
| 绍兴市 | 2.60 | 2.60 | 0.00 | 0.00 | 0.00 | 0.00 |
| 台州市 | 22.34 | 13.22 | 9.12 | 77.66 | 0.00 | 77.66 |
| 温州市 | 293.14 | 293.14 | 0.00 | 240.09 | 178.45 | 61.64 |
| 舟山市 | 0.00 | 0.00 | 0.00 | 24.13 | 0.00 | 24.13 |
| 浙江省 | 429.30 | 362.61 | 66.69 | 395.16 | 196.47 | 198.69 |
| 福州市 | 413.34 | 361.72 | 51.62 | 472.51 | 259.13 | 213.38 |
| 宁德市 | 511.66 | 242.55 | 269.11 | 419.29 | 78.76 | 340.53 |
| 平潭综合实验区 | 0.00 | 0.00 | 0.00 | 352.10 | 166.97 | 185.12 |

续表

| 地区 | 大陆海岸线 | | | 海岛海岸线 | | |
|---|---|---|---|---|---|---|
| | 生态敏感岸线长度 | 重要优先保护岸线 | 极重要优先保护岸线 | 生态敏感岸线长度 | 重要优先保护岸线 | 极重要优先保护岸线 |
| 莆田市 | 85.27 | 36.59 | 48.68 | 197.85 | 63.12 | 134.74 |
| 泉州市 | 196.13 | 46.14 | 149.99 | 176.88 | 153.90 | 22.98 |
| 厦门市 | 35.25 | 0.45 | 34.80 | 20.09 | 13.90 | 6.19 |
| 漳州市 | 243.05 | 116.20 | 126.85 | 124.17 | 31.35 | 92.82 |
| 福建省 | 1484.70 | 803.64 | 681.06 | 1762.89 | 767.13 | 995.76 |
| 总计 | 1914.00 | 1166.25 | 747.75 | 2158.05 | 963.60 | 1194.45 |

**表 5.3 浙闽两省及各地市生态环境敏感性岸线现状（二）** （单位：%）

| 地区 | 大陆海岸线 | | | 海岛海岸线 | | |
|---|---|---|---|---|---|---|
| | 生态敏感岸线占比 | 重要优先保护岸线占比 | 极重要优先保护岸线占比 | 生态敏感岸线占比 | 重要优先保护岸线占比 | 极重要优先保护岸线占比 |
| 杭州市 | 0.00 | 0.00 | 0.00 | / | / | / |
| 嘉兴市 | 31.15 | 31.15 | 0.00 | 47.21 | 47.21 | 0.00 |
| 宁波市 | 12.27 | 3.16 | 9.11 | 11.17 | 2.81 | 8.36 |
| 绍兴市 | 14.45 | 14.45 | 0.00 | / | / | / |
| 台州市 | 5.53 | 3.27 | 2.26 | 16.85 | 0.00 | 16.85 |
| 温州市 | 97.71 | 97.71 | 0.00 | 57.45 | 42.70 | 14.75 |
| 舟山市 | / | / | / | 1.57 | 0.00 | 1.57 |
| 浙江省 | 28.79 | 24.32 | 4.47 | 13.88 | 6.90 | 6.98 |
| 福州市 | 44.92 | 39.31 | 5.61 | 79.36 | 45.91 | 33.45 |
| 宁德市 | 48.92 | 23.28 | 25.64 | 82.34 | 16.04 | 66.30 |
| 平潭综合实验区 | / | / | / | 78.08 | 39.24 | 38.83 |
| 莆田市 | 25.47 | 10.93 | 14.54 | 79.78 | 25.45 | 54.33 |
| 泉州市 | 36.22 | 8.52 | 27.70 | 83.82 | 72.94 | 10.89 |
| 厦门市 | 18.15 | 0.23 | 17.92 | 38.64 | 26.73 | 11.91 |
| 漳州市 | 34.01 | 16.19 | 17.82 | 58.71 | 16.48 | 42.23 |
| 福建省 | 39.58 | 21.44 | 18.14 | 77.50 | 33.73 | 43.77 |

浙江省海岛海岸线中生态环境敏感性岸线长 395.16 km，占岸线总长的 13.88%，其中极重要优先保护岸线长度为 198.69 km，占总长度的 6.98%，重要优先保护岸线长度为 196.47 km，占总长度的 6.90%；浙江省海岛海岸线的自然岸线长度为 1890 km，自然岸线保有率为 66.13%，大于生态环境敏感岸线占比。海岛

海岸线极重要优先保护区空间分布较为分散，在浙江省的北部和南部均占有一定比重，其中台州市的极重要优先保护岸线最长，为 77.66 km，占浙江省海岛海岸线极重要优先保护岸线的比重为 39.09%；海岛海岸线重要优先保护岸线主要集中于浙江省海岛海岸线的北部，主要分布在温州市，占浙江省重要优先保护岸线的 90.83%。

对于福建省，其大陆海岸线中生态环境敏感性岸线长 1484.70 km，占岸线总长的 39.58%，其中极重要优先保护岸线长度为 681.06 km，占总长度的 18.14%，重要优先保护岸线长度为 803.64 km，占总长度的 21.44%。福建省大陆海岸线中自然岸线长为 1407 km，自然岸线保有率为 37.51%，小于生态环境敏感性岸线占比。福建省大陆海岸线极重要优先保护岸线分布也较为分散，在北部、南部、中部地市均有大段分布，主要集中于宁德市、泉州市、漳州市，占极重要优先保护岸线的 73.01%。重要优先保护岸线主要集中于福建省大陆海岸线的北部，分布于福州市和宁德市，占比为 75.19%。除宁德市和莆田市以外，全省和各地市自然岸线保有率均低于生态环境敏感性岸线占比，其中泉州、厦门二市的差距最显著，分别相差 15.03%、15.91%。

对于海岛海岸线，福建省生态环境敏感性岸线长 1762.89 km，占岸线总长的 77.50%，其中极重要优先保护岸线长度为 995.76 km，占总长度的 43.77%，重要优先保护岸线长度为 767.13 km，占总长度的 33.73%；福建海岛海岸线的自然岸线长度为 1634 km，自然岸线保有率为 71.81%，小于生态环境敏感性岸线占比。海岛海岸线极重要优先保护区主要集中于福建省海岛海岸线的中部和北部，分布于宁德市、福州市、平潭综合实验区、莆田市，占极重要优先保护岸线的 87.75%；海岛海岸线重要优先保护岸线主要集中于福建省海岛海岸线的北部，分布在宁德市、福州市、平潭综合实验区，占重要优先保护区岸线的 65.81%。福州市、平潭综合实验区、莆田市、漳州市自然岸线保有率均低于生态环境敏感性岸线占比，其中平潭综合实验区、莆田市的差距最显著，分别相差 21.81%、33.02%；宁德市、泉州市、厦门市的自然岸线保有率高于生态环境敏感性岸线占比。

## 5.3　浙闽沿海岸线资源利用问题总结

结合浙闽两省及各市县相关统计数据，评估岸线开发利用活动对生态环境的累积性影响，凝练岸线资源保护与利用存在的关键问题。基于岸线开发利用现状分析与岸线生态敏感区评价结果，对岸线开发利用与生态敏感区矛盾的岸段进行识别和定位。

### 5.3.1　问题岸段的识别和空间定位

评估海岸线开发利用活动对生态环境的累积性影响，凝练岸线资源保护与利用存在的关键问题。基于岸线开发利用现状分析与岸线生态敏感区评价结果，借助 ArcGIS 软件的空间叠置分析（spatial overlay analysis）工具，对岸线开发利用和生态环境敏感区矛盾的岸段进行识别和空间定位（图 5.3）。结合遥感影像与实地现场踏勘，判断依法设立的自然保护区、饮用水源保护区、重要自然湿地、重点生态公益林和沿海防护林等区域及部分生态脆弱区域是否存在违法违规占用岸线的情况和占用岸线长度。

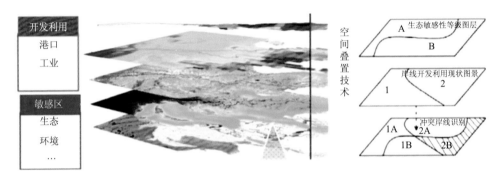

图 5.3　多源空间数据空间叠置分析

### 5.3.2　海岸线资源保护和利用问题

通过空间叠置分析工具，对海岸线开发利用和生态环境敏感区矛盾的岸段进行识别与空间定位的结果（表 5.4）显示，浙闽两省被侵占的大陆极重要优先保护岸线共有 241.82 km，其中福建省侵占的大陆极重要优先保护岸线高达 237.02 km。被侵占的大陆极重要优先保护岸线中共有 116.41 km 被城镇生活岸线侵占。细分到具体城市，厦门市和泉州市被侵占的岸线中高达 81.13%。对于城镇生活岸线，其中厦门市为 88.72%，泉州市为 74.51%。随着城市建设的步伐加快，滨岸景观带和绿色开敞空间未能得到一定程度的保护，城镇沿岸生态系统修复与污染防治机制有待完善；滨岸围堤围垦现象严重，浙闽沿海养殖围堤岸线占用长度为 92.81 km，其中位于福建省的宁德市和漳州市养殖围堤岸线侵占最为严重，占该市被侵占岸线的比例分别为 71.95% 和 79.07%，影响海岸线的生物多样性和防洪安全；港口码头岸线（8.94 km）、工业生产岸线（6.03 km）和其他人工岸线（4.96 km）的侵占程度相对较轻，其中港口码头岸线的侵占主要分布在宁德市（2.83 km）、泉州市（2.33 km）、莆田市（2.06 km），工业生产岸线的侵占主要分布在泉州市（5.05 km）。综上，浙闽两省大陆极重要优先保护岸线资源受到港口码头、工业生产、城镇生活、堤内水产养殖或农业大棚种植等各类开发利用活动的不同程度的占用和干扰，生物多样性受到威胁。

表5.4 浙闽两省各地市大陆海岸线被侵占情况 （单位：km）

| 地区 | 被侵占的极重要优先保护岸线长度 | 城镇生活岸线占用 | 港口码头岸线占用 | 工业生产岸线占用 | 农田围堤岸线占用 | 其他人工岸线占用 | 养殖围堤岸线占用 |
|---|---|---|---|---|---|---|---|
| 杭州市 | / | / | / | / | / | / | / |
| 嘉兴市 | / | / | / | / | / | / | / |
| 宁波市 | 4.80 | / | 1.00 | / | / | / | 3.80 |
| 绍兴市 | / | / | / | / | / | / | / |
| 台州市 | / | / | / | / | / | / | / |
| 温州市 | / | / | / | / | / | / | / |
| 舟山市 | / | / | / | / | / | / | / |
| 浙江省 | 4.80 | / | 1.00 | / | / | / | 3.80 |
| 福州市 | 19.18 | 6.20 | / | / | 7.12 | / | 5.87 |
| 宁德市 | 47.16 | 6.08 | 2.83 | 0.98 | 0.87 | 2.46 | 33.93 |
| 莆田市 | 2.48 | 0.42 | 2.06 | / | / | / | / |
| 泉州市 | 86.63 | 64.55 | 2.33 | 5.05 | 4.65 | 2.31 | 7.74 |
| 厦门市 | 33.69 | 29.89 | / | / | / | 0.19 | 3.61 |
| 漳州市 | 47.88 | 9.27 | 0.71 | / | 0.04 | / | 37.86 |
| 福建省 | 237.02 | 116.41 | 7.94 | 6.03 | 12.68 | 4.96 | 89.01 |

浙闽两省海岛极重要优先保护岸线资源主要遭到城镇生活岸线的占用和干扰。如表5.5所示，该区域被侵占的海岛海岸线共有164.99 km，其中152.10 km被城镇生活岸线侵占，沿海各城市被侵占岸线绝大部分都属于城镇生活岸线。其中莆田市被城镇生活岸线侵占的数量最多，为81.83 km；其次为平潭综合实验区（56.04 km），两者占城镇生活岸线占用总长的90.64%。浙闽沿海的海岛海岸线受到港口码头岸线（0.57 km）和养殖围堤岸线（12.32 km）侵占的程度较小，工业生产岸线、农田围堤岸线、其他人工岸线没有出现侵占的现象。

表5.5 浙闽两省及各地市海岛海岸线被侵占情况 （单位：km）

| 地区 | 被侵占的极重要优先保护岸线长度 | 城镇生活岸线占用 | 港口码头岸线占用 | 工业生产岸线占用 | 农田围堤岸线占用 | 其他人工岸线占用 | 养殖围堤岸线占用 |
|---|---|---|---|---|---|---|---|
| 杭州市 | / | / | / | / | / | / | / |
| 嘉兴市 | / | / | / | / | / | / | / |
| 宁波市 | / | / | / | / | / | / | / |
| 绍兴市 | / | / | / | / | / | / | / |
| 台州市 | / | / | / | / | / | / | / |
| 温州市 | / | / | / | / | / | / | / |
| 舟山市 | / | / | / | / | / | / | / |
| 浙江省 | / | / | / | / | / | / | / |

续表

| 地区 | 被侵占的极重要优先保护岸线长度 | 城镇生活岸线占用 | 港口码头岸线占用 | 工业生产岸线占用 | 农田围堤岸线占用 | 其他人工岸线占用 | 养殖围堤岸线占用 |
|---|---|---|---|---|---|---|---|
| 福州市 | 6.44 | 4.85 | / | / | / | / | 1.59 |
| 宁德市 | 5.55 | 1.41 | / | / | / | / | 4.15 |
| 平潭综合实验区 | 56.04 | 56.04 | / | / | / | / | 0.00 |
| 莆田市 | 81.83 | 81.83 | / | / | / | / | 0.00 |
| 泉州市 | 0.57 | 0.00 | 0.57 | / | / | / | 0.00 |
| 厦门市 | 1.52 | 1.52 | / | / | / | / | 0.00 |
| 漳州市 | 13.04 | 6.45 | / | / | / | / | 6.59 |
| 福建省 | 164.99 | 152.10 | 0.57 | / | / | / | 12.32 |

　　海岸线开发适宜性评价结果（图 5.4）显示，浙闽两省大陆海岸线资源本底条件优良。福建省较适宜开发利用的 I 级/II 级岸线共有 3151 km，占岸线总长的83.96%。较不适宜开发的III级岸线长度为 603 km，仍有 471.2 km 为人工岸线，其中城镇生活、港口码头和工业生产岸线分别占 12.25%、8.22% 和 5.14%。浙江省较适宜开发利用的 I 级/II 级岸线共有 728 km，占岸线总长的 48.83%。较不适宜开发的III级岸线长度为 763 km，仍有 122 km 为人工岸线，其中城镇生活、港口码头和工业生产岸线分别占 23.24%、0.50% 和 28.09%。浙闽两省岸线开发现状存在一定的安全风险，应采取相应措施，放缓乃至限制III级岸线的开发，将开发视野放在 I 、II 级优良岸线上。因此，浙闽沿海优质深水岸线资源日益紧张，开发结构、利用方式和空间布局亟待转型和优化。

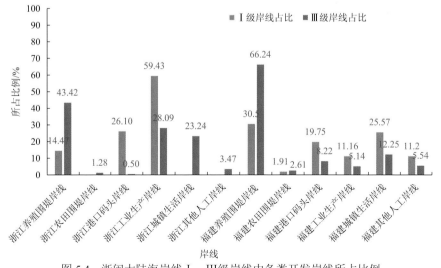

图 5.4　浙闽大陆海岸线 I 、III级岸线中各类开发岸线所占比例

浙闽两省已开发利用的大陆海岸线主要集中在Ⅰ、Ⅱ级优良岸线，但开发结构、空间布局和利用效率有待提高。其中，Ⅰ、Ⅱ级优良大陆海岸线的总体利用率为59.48%；Ⅰ级岸线开发利用率较高，为71.77%，但其中围垦岸线占比较大，为30.5%，其开发结构和利用方式有待调整；港口码头和工业生产岸线占比分别为19.75%和11.26%，但港口布局依然较为分散，港口集中度不高，支线铁路、航道、口岸等港口公共配套设施较为薄弱，对港口辐射范围和带动能力形成制约，部分工业园区占地规模偏大、集约化程度偏低；Ⅱ级岸线开发利用率为53.23%，开发利用度适中；个别地市开发利用程度过高，如厦门市和泉州市，Ⅰ级岸线分别有97.70%、83.63%已经被开发（图5.5）。

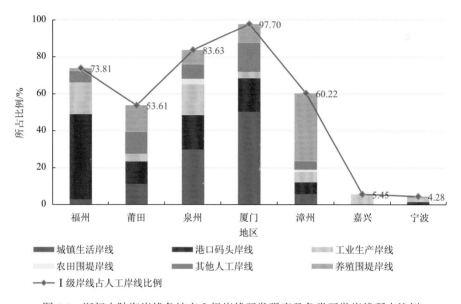

图5.5　浙闽大陆海岸线各地市Ⅰ级岸线开发强度及各类开发岸线所占比例

浙闽两省的湾区深水岸线资源较为丰富，但后方腹地狭窄，陆域周边大多为低山丘陵、悬崖陡壁近岸，因此，水域、陆域、集疏运等各方面条件都较优的深水岸线资源十分有限。同时，湾区内各类保护区分布密集，给岸线的利用与保护提出了更高的要求。尤其是针对优质深水岸线资源的日趋紧张的现状，更应转变粗放的利用结构，充分发挥各方面条件较优的深水岸线的作用，着重协调好湾区岸线资源保护和优化利用间的关系，制定科学的港口发展规划，协调处理港口、临海工业发展与现有海水养殖业的关系。在不影响沿岸生态环境及岸线安全的前提下，促进深水岸线集约绿色发展，实现岸线资源的最优配置，促进岸线资源的集约利用。

# 第6章 浙闽沿海岸线资源开发功能分区与管控

## 6.1 海岸线总体空间管控原则及要求

### 6.1.1 优先保护岸线

管控原则：应严格落实《中华人民共和国自然保护区条例》《海洋自然保护区管理办法》《海洋特别保护区管理办法》《饮用水水源保护区污染防治管理规定》的既有要求与相关规定，功能属性有交叉的，从严管理。该类型岸线应以"保护优先"为出发点，原则上禁止一切影响及妨碍生态环境保护与岸线安全的开发建设行为。

重点解决问题：最大限度维持岸线自然属性，严守自然岸线保有率底线，限期调整及清退非法侵占极重要优先保护岸线的项目及设施。

1. 极重要优先保护岸线的空间布局约束

禁止在区内设置排污口，原有排污口应进行拆除。禁止在区内围填海、围垦河道和滩地，禁止在滩地、堤坡种植农作物，从事围网、网箱养殖，或者设置集中式畜禽饲养场、屠宰场。禁止从事开矿、采石、挖沙等工程及活动；禁止设立装卸垃圾、粪便、油类和有毒物品的码头；禁止堆置和存放工业废渣、城市垃圾、粪便和其他废弃物；禁止可能污染水源的旅游活动和其他活动。维持岸线自然属性，原则上禁止涉及该区的开发建设活动，禁止新建及扩建污染环境、影响其功能、破坏资源或者景观的生产设施与项目，改建设施及项目必须符合所属保护区的相关规定及标准；需要利用自然岸线进行渔业基础设施、交通、能源、海底管线（道）、旅游娱乐等公益或公共基础设施工程建设的，需进行科学论证和环境影响评价，其污染物排放不得超过国家和地方规定的污染物排放标准，且在实施开展前，应编制建设项目影响评价专题报告，对项目可能对所属的保护区功能及保护对象造成的影响做出预测，将其纳入环境影响评价报告书，并提出保护与恢复治理方案，采取有关保护措施，经主管部门审批后方可实施。特殊海岛禁止在领海基点保护范围内进行工程建设，以及其他可能改变该区域地形、地貌的活动，确需进行以保护领海基点为目的的工程建设的，应当经过科学论证，报国家海洋主管部门同意后依法办理审批手续。禁止非法侵占岸线，区内现有建设项目和设施，应依照相关管理条例，限期拆除及清退，并视情况进行生态修复，恢复其原有生态价值。

2. 重要优先保护岸线空间布局约束

严格限制在区内新建、扩建排污口，改建排污口不得增加污染物排放总量与加重环境影响。严格控制区内围填海、围垦河道和占用自然滩地等活动，严格控制畜禽及渔业养殖规模和养殖方式。禁止在区内从事开矿、采石、挖沙等工程及活动；禁止设立装卸垃圾、粪便、油类和有毒物品的码头；禁止堆置和存放工业废渣、城市垃圾、粪便和其他废弃物；严格限制可能污染水源的旅游活动和其他活动。限制涉及该区的开发建设活动，不得新建、扩建排放污染物的建设项目，改建设施及项目必须符合所属保护区的相关规定及标准。除水利工程、市政交通等基础设施以外，禁止新建及扩建污染环境、影响其功能、破坏资源或者景观的生产设施与项目，改建设施及项目必须符合所属保护区的相关规定及标准；其他项目，其污染物排放不得超过国家和地方规定的污染物排放标准，且在实施开展前，应编制建设项目影响评价专题报告，提出保护与恢复治理方案，采取有关保护措施。区内现有建设项目和设施，其污染物排放超过国家和地方规定的排放标准的，应当限期治理；造成损害的，必须采取补救措施。

## 6.1.2　重点管控岸线

管控目标：生态保护与行洪安全，该类型岸线需严格限制污染项目的进驻及排污口的设置，强化污染防治、防范环境风险。在保证沿岸生态系统功能健全、不影响岸线稳定性和水道水动力环境的前提下，允许适当进行港口码头、工业城镇建设等改变岸线自然属性的开发活动。

重点解决问题：在不影响沿岸生态环境及岸线安全的前提下，推动沿岸港口整合与工业布局调整，提高人工岸线的利用效率。强化污染风险防控，提升城市景观亲水岸线功能，优化养殖结构和方式。

1. 港口码头岸线

（1）空间布局约束：取缔不符合规划，且无港口经营许可证、违规占用港口岸线的码头；对严重威胁饮用水水源地安全、影响生态红线区域主导生态功能的码头、非码头设施及船舶修造企业（点）等进行拆除或搬迁。对违反港口总体规划改变港口岸线相关水域、陆域用途的，应限期整改，并依法予以处罚。对选址符合规划、生产条件基本满足法律法规要求的无证码头，指导、督促其办理港口岸线使用和港口经营许可手续。归并、整合功能重复的小、散码头，对不符合港区需求的码头，引导其拆除、转型或者按照标准异地重建；将符合发展需要的码头逐步搬迁至大中型港区，统一集中管理。取缔现有的无证砂场码头，有证砂场码头逐步搬迁至砂石集散中心实施集并经营；禁止在大堤外滩地堆放砂石；禁止运砂船在未经合法审批的砂场码头停泊或者装卸黄砂。对已拆除的码头区域进行生态复绿、补绿、增绿。

（2）污染物排放管控：完善并提升船舶油污水、生活污水、固体废弃物接收和处理设施的建设与处理水平。

（3）环境风险防控：强化危险货物运输与接收的环境风险管理。

## 2. 工业生产岸线

（1）空间布局约束：对新建和在建项目，实行最严格的环境准入。禁止新增陆源入海/江污染物排放的建设项目，关停沿海/江排污不达标企业；对沿海/江已建成投产的项目，如与所属区域管控要求不符，且为环保手续不全企业与环保不达标建设项目，应进行关停与清退；对于符合管控要求的园区、企业及项目，应列出问题清单和整改时限，进行清洁化整治与绿色化生产技术改造。严格入海/河排污口审批管理，没有满足水功能区管理要求和影响取水安全的排污口进行限期整改，整改不到位的一律取消。

（2）污染物排放管控：严禁偷排偷放、非法排放有毒有害污染物、非法处置危险废物、故意不正常使用污染治理设施超标排污、伪造或篡改环境监测数据等行为，完善与保障污染治理设施建设和运行，污染物达标排放。

（3）环境风险防控：强化安全生产管理与环境风险防控，园区及企业应编制环保、安全、消防等风险应急预案和事故防范措施。

## 3. 城镇生活岸线

（1）空间布局约束：根据实际需要合理规划布局城市功能组团，加强岸段区域内防护绿地与生态空间建设，提升城市景观亲水岸线功能，在最低程度影响岸线自然形态和河海水生态（环境）功能的前提下，进行沿岸景观及风貌带建设，满足居民休闲娱乐和游憩需求。

（2）污染物排放管控：加快城镇及农村居民点的污水管网和排污沟截流设施建设，实施雨污分流工程改造；加强城镇及农村污水集中处理设施建设，强化生活污水控制，严格入海/江排污口管理。

### 6.1.3　一般管控岸线

1. 管控目标

行洪安全与水生态，该类型岸线的开发利用需以岸线的稳定为先决条件，尤其是各项重大工程的建设，同时应重视沿岸取水口及排污口监管，保障沿岸城镇及居民生命财产和用水安全，确保社会稳定。

2. 空间布局约束

沿岸一定范围内除水利工程、市政交通等基础设施以外原则上禁止新增建设用地。加强沿岸取水口及排污口的监管力度，保障沿岸水生态安全。规范沿岸种植养殖业发展，控制畜禽及渔业养殖规模，逐步淘汰现有小规模养殖户。

# 6.2　管控分区划定方法

## 6.2.1　海岸线管控分区的划分原则

（1）海岸线管控分区划分应正确处理开发与保护之间的关系，做到开发利用与保护并重，确保防洪安全和水资源、水环境及河流生态得到有效保护，促进岸线的可持续利用，保障沿岸地区经济、社会、生态的可持续发展。

（2）海岸线管控分区划分应统筹考虑和协调处理好上下游、左右岸之间的关系及岸线的开发利用可能带来的相互影响。

（3）海岸线管控分区划分应与已有的防洪分区、水功能分区、农业分区、自然生态分区等区划相协调。

（4）海岸线管控分区划分应统筹考虑城市建设与发展、航道规划与港口建设以及地区经济社会发展等方面的需求。

（5）海岸线管控分区划分应本着因地制宜、实事求是的原则，充分考虑海岸线的自然生态属性，以及海岸线的稳定性，并结合行政区划分界，进行科学划分，保证岸线功能区划分的合理性。

## 6.2.2　海岸线管控分区的划分方法

1. 禁止开发岸线

研究范围内禁止开发岸线划分有以下几类情况：

（1）饮用水源地一级保护区、二级保护区等为保障供水安全划定的区域内所涉岸段；

（2）省级及以上自然保护区核心区、缓冲区、部分实验区内所涉岸段；

（3）国家水产种质资源保护区核心区、部分实验区内所涉岸段；

（4）重要湿地、森林公园等生态功能保护区，国家级风景名胜区的核心景区等范围内，为满足生态保护需要的部分区域内所涉岸段。

### 2. 优化开发岸线

研究范围内海岸线利用条件较好，但海岸线开发利用对防洪安全、河势稳定、供水安全以及生态环境具有一定影响的岸段。

### 3. 限制开发岸线

考虑现有海岸线开发利用程度及限制条件，研究范围内海岸线控制利用区划分有以下几类情况：

（1）开发利用对防洪安全、河势稳定、供水安全、航道稳定可能造成不利影响，需要控制其开发利用强度的区域内所涉岸段；

（2）险工险段、重要涉水工程及设施、地质灾害易发区、水土流失严重区等需要控制其开发利用方式的区域内所涉岸段；

（3）饮用水源地保护区，省级及以上自然保护区、国家级水产种质资源保护区的部分实验区，沿海国家级风景名胜区等范围内，需要控制其开发利用方式的部分区域内所涉岸段。

### 6.2.3　海岸线资源空间分类制图表达

图件编绘要求：标出图廓、方里网、图名、指北针、比例尺、坐标系、投影方式等，并标出制图单位与时间。

基本要素：岸线管控分类分色表达、图例、指北针、比例尺。

可添加底图要素：遥感底图、地形图、街道地图。

海岸线空间管控分区技术路线和海岸线功能划分步骤如图 6.1 和表 6.1 所示。

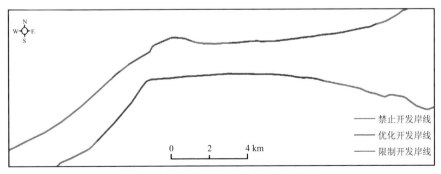

图 6.1　海岸线空间管控分区技术路线

**表 6.1　海岸线功能划分步骤**

| 分类序号 | 分类名称 | 分类颜色 | 颜色（RGB） | 图例 |
|---|---|---|---|---|
| 1 | 禁止开发岸线 | | （56,167,0） | |
| 2 | 优化开发岸线 | | （250,52,17） | |
| 3 | Ⅰ级限制开发岸线 | | （0,113,253） | |
| 4 | Ⅱ级限制开发岸线 | | （117,164,223） | |

## 6.3　浙闽沿海岸线空间管控分区结果

### 6.3.1　海岸线空间管控分区结果

综合评估划分方案（表 6.2、图 6.2、图 6.3）显示，浙闽两省大陆海岸线中禁止开发岸线、优化开发岸线、限制开发岸线划分长度分别为1785.84 km、2300.98 km、1156.27 km，占比分别为34.06%、43.89%、22.05%。对于海岛海岸线，禁止开发岸线、优化开发岸线、限制开发岸线划分长度分别为2106.69 km、1461.26 km、1595.19 km，占比分别为40.80%、28.30%、30.90%。

**表 6.2　浙闽两省海岸线各管控类型长度**　　（单位：km）

| 地区 | 大陆海岸线 | | | 海岛海岸线 | | |
|---|---|---|---|---|---|---|
| | 禁止开发岸线/优先保护岸线 | 优化开发岸线/重点管控岸线 | 限制开发岸线/一般管控岸线 | 禁止开发岸线/优先保护岸线 | 优化开发岸线/重点管控岸线 | 限制开发岸线/一般管控岸线 |
| 杭州市 | 0.00 | 23.39 | 5.68 | / | / | / |
| 嘉兴市 | 16.41 | 24.68 | 66.66 | 4.19 | 0.00 | 3.92 |
| 宁波市 | 57.91 | 338.77 | 235.33 | 42.09 | 106.98 | 253.01 |
| 绍兴市 | 0.00 | 4.70 | 13.46 | / | / | / |
| 台州市 | 15.36 | 198.01 | 190.74 | 80.58 | 37.22 | 368.98 |
| 温州市 | 211.45 | 67.44 | 21.16 | 202.10 | 208.31 | 84.50 |
| 舟山市 | / | / | / | 13.04 | 698.88 | 784.08 |
| 浙江省 | 301.13 | 656.99 | 533.04 | 342.00 | 1051.39 | 1494.49 |
| 福州市 | 413.34 | 318.06 | 188.73 | 396.22 | 47.62 | 47.68 |
| 宁德市 | 511.66 | 416.83 | 117.39 | 500.39 | 81.69 | 25.60 |
| 平潭综合实验区 | / | / | / | 347.12 | 98.84 | 4.58 |
| 莆田市 | 85.27 | 175.36 | 74.92 | 197.36 | 47.54 | 2.47 |
| 泉州市 | 196.13 | 323.29 | 22.10 | 177.84 | 27.49 | 6.83 |
| 厦门市 | 35.25 | 153.19 | 5.73 | 20.06 | 28.83 | 3.02 |
| 漳州市 | 243.05 | 257.25 | 214.37 | 125.69 | 77.86 | 10.53 |
| 福建省 | 1484.71 | 1643.99 | 623.23 | 1764.69 | 409.87 | 100.71 |
| 合计 | 1785.84 | 2300.98 | 1156.27 | 2106.69 | 1461.26 | 1595.19 |

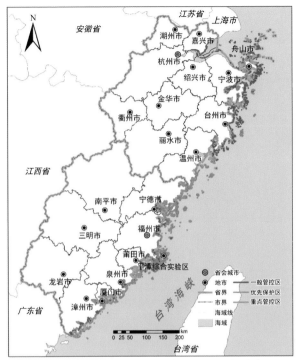

图 6.2　浙闽沿海岸线资源管控分区空间分布

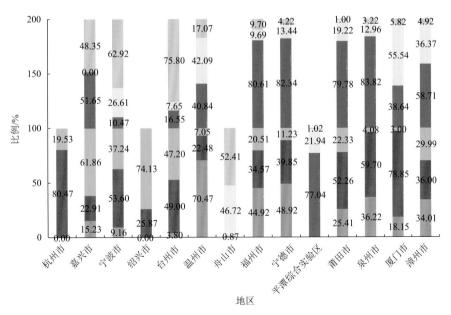

图 6.3　浙闽两省海岸线各管控类型所占比例

　　浙江省各地市海岸线资源管控分区情况如下：

　　如表 6.2、图 6.3、图 6.4 所示，杭州市大陆海岸线中优先保护岸线为 0.00 km，重点管控岸线长度为 23.39 km，一般管控岸线为 5.68 km，占比分别为 0.00%、80.47%、19.53%。

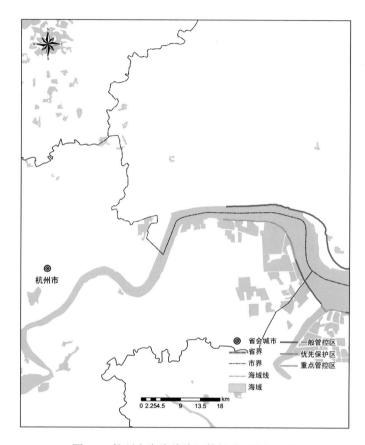

图 6.4　杭州市海岸线资源管控分区空间分布

　　如表 6.2、图 6.3、图 6.5 所示，嘉兴市大陆海岸线中优先保护岸线为 16.41 km，重点管控岸线长度为 24.68 km，一般管控岸线为 66.66 km，占比分别为 15.23%、22.91%、61.86%。海岛岸线中优先保护岸线为 4.19 km，重点管控岸线长度为 0.00 km，一般管控岸线为 3.92 km，占比分别为 51.65%、0.00%、48.35%。

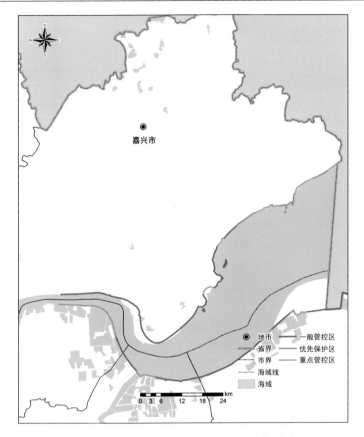

图 6.5　嘉兴市海岸线资源管控分区空间分布

如表 6.2、图 6.3、图 6.6 所示，宁波市大陆海岸线中优先保护岸线为 57.91 km，重点管控岸线长度为 338.77 km，一般管控岸线为 235.33 km，占比分别为 9.16%、53.60%、37.24%。海岛岸线中优先保护岸线为 42.09 km，重点管控岸线长度为 106.98 km，一般管控岸线为 253.01 km，占比分别为 10.47%、26.61%、62.92%。

如表 6.2、图 6.3、图 6.7 所示，绍兴市大陆海岸线中优先保护岸线为 0.00 km，重点管控岸线长度为 4.70 km，一般管控岸线为 13.46 km，占比分别为 0.00%、25.87%、74.13%。

如表 6.2、图 6.3、图 6.8 所示，台州市大陆海岸线中优先保护岸线为 15.36 km，重点管控岸线长度为 198.01 km，一般管控岸线为 190.74 km，占比分别为 3.80%、49.00%、47.20%。海岛岸线中优先保护岸线为 80.58 km，重点管控岸线长度为 37.22 km，一般管控岸线为 368.98 km，占比分别为 16.55%、7.65%、75.80%。

图 6.6　宁波市海岸线资源管控分区空间分布

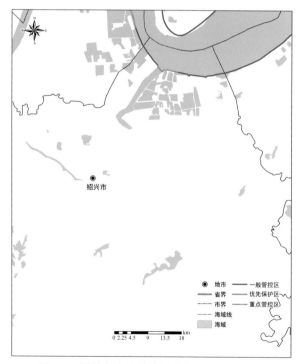

图 6.7　绍兴市海岸线资源管控分区空间分布

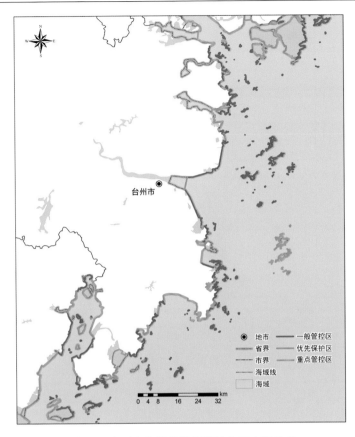

图 6.8　台州市海岸线资源管控分区空间分布

　　如表 6.2、图 6.3、图 6.9 所示，温州市大陆海岸线中优先保护岸线为 211.45 km，重点管控岸线长度为 67.44 km，一般管控岸线为 21.16 km，占比分别为 70.47%、22.48%、7.05%。海岛岸线中优先保护岸线为 202.10 km，重点管控岸线长度为 208.31 km，一般管控岸线为 84.50 km，占比分别为 40.84%、42.09%、17.07%。

　　如表 6.2、图 6.3、图 6.10 所示，舟山市海岛岸线中优先保护岸线为 13.04 km，重点管控岸线长度为 698.88 km，一般管控岸线为 784.08 km，占比分别为 0.87%、46.72%、52.41%。

　　福建省各地市海岸线资源管控分区情况如下：

　　如表 6.2、图 6.3、图 6.11 所示，厦门市大陆海岸线中优先保护岸线为 35.25 km，重点管控岸线长度为 153.19 km，一般管控岸线为 5.73 km，占比分别为 18.15%、78.85%、3.00%。海岛岸线中优先保护岸线为 20.06 km，重点管控岸线长度为 28.83 km，一般管控岸线为 3.02 km，占比分别为 38.64%、55.54%、5.82%。

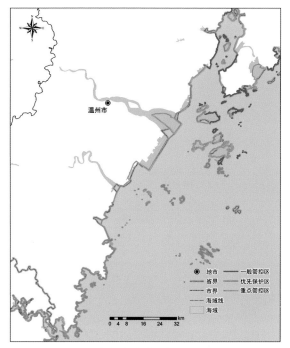

图 6.9　温州市海岸线资源管控分区空间分布

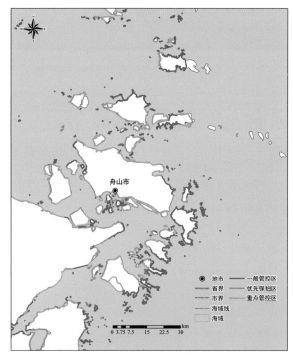

图 6.10　舟山市海岸线资源管控分区空间分布

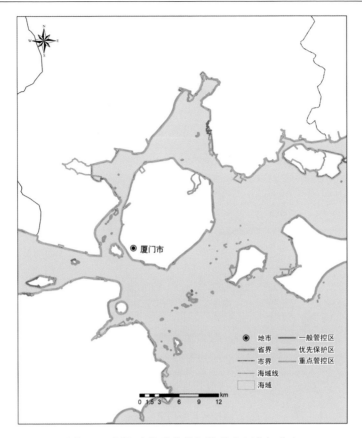

图 6.11　厦门市海岸线资源管控分区空间分布

　　如表 6.2、图 6.3、图 6.12 所示，漳州市大陆海岸线中优先保护岸线为 243.05 km，重点管控岸线长度为 257.25 km，一般管控岸线为 214.37 km，占比分别为 34.01%、36.00%、29.99%。海岛岸线中优先保护岸线为 125.69 km，重点管控岸线长度为 77.86 km，一般管控岸线为 10.53 km，占比分别为 58.71%、36.37%、4.92%。

　　如表 6.2、图 6.3、图 6.13 所示，福州市大陆海岸线中优先保护岸线为 413.34 km，重点管控岸线长度为 318.06 km，一般管控岸线为 188.73 km，占比分别为 44.92%、34.57%、20.51%。海岛岸线中优先保护岸线为 396.22 km，重点管控岸线长度为 47.62 km，一般管控岸线为 47.68 km，占比分别为 80.61%、9.69%、9.70%。

　　如表 6.2、图 6.3、图 6.14 所示，宁德市大陆海岸线中优先保护岸线为 511.66 km，重点管控岸线长度为 416.83 km，一般管控岸线为 117.39 km，占比分别为 48.92%、39.85%、11.23%。海岛岸线中优先保护岸线为 500.39 km（其中极重要优先保护岸线 402.6 km），重点管控岸线长度为 81.69 km，一般管控岸线为 25.60 km，占比分别为 82.34%、13.44%、4.22%。

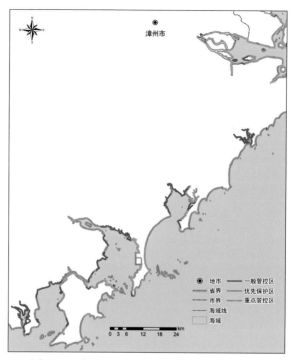

图 6.12　漳州市海岸线资源管控分区空间分布

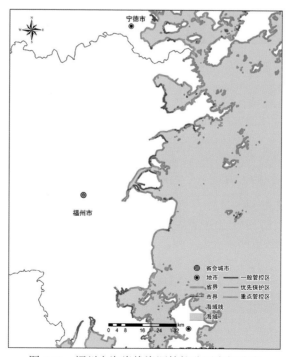

图 6.13　福州市海岸线资源管控分区空间分布

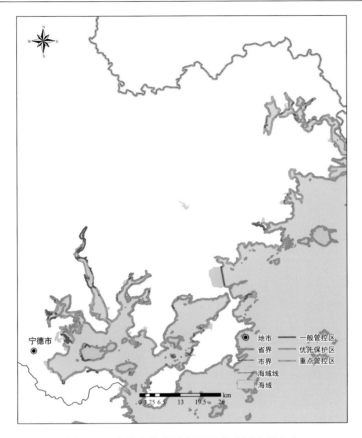

图 6.14　宁德市海岸线资源管控分区空间分布

如表 6.2、图 6.3、图 6.15 所示，泉州市大陆海岸线中优先保护岸线为 196.13 km，重点管控岸线长度为 323.29 km，一般管控岸线为 22.10 km，占比分别为 36.22%、59.70%、4.08%。海岛岸线中优先保护岸线为 177.84 km，重点管控岸线长度为 27.49 km，一般管控岸线为 6.83 km，占比分别为 83.82%、12.96%、3.22%。

如表 6.2、图 6.3、图 6.16 所示，莆田市大陆海岸线中优先保护岸线为 85.27 km，重点管控岸线长度为 175.36 km，一般管控岸线为 74.92 km，占比分别为 25.41%、52.26%、22.33%。海岛岸线中优先保护岸线为 197.36 km，重点管控岸线长度为 47.54 km，一般管控岸线为 2.47 km，占比分别为 79.78%、19.22%、1.00%。

如表 6.2、图 6.3、图 6.17 所示，平潭综合实验区海岛岸线中优先保护岸线长度为 347.12 km，占岸线总长度的 77.04%，重点管控岸线长度为 98.84 km，一般管控岸线为 4.58 km，占比分别为 21.94%、1.02%。

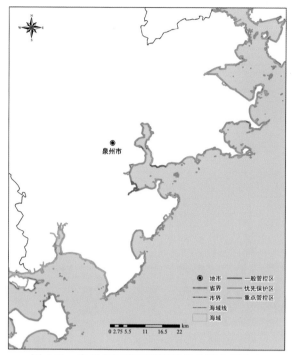

图 6.15　泉州市海岸线资源管控分区空间分布

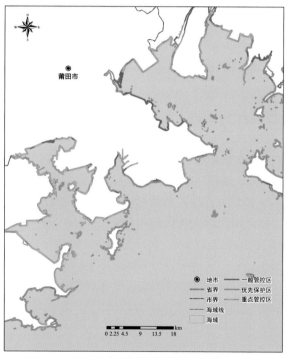

图 6.16　莆田市海岸线资源管控分区空间分布

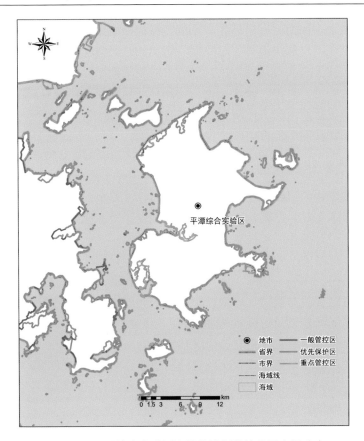

图 6.17　平潭综合实验区海岸线资源管控分区空间分布

## 6.3.2　海岸线空间管控措施

基于对海岸线利用现状及面临问题的分析,结合划定的海岸线空间管控区段,对各类海岸线空间管控区提出具体管控要求,如空间布局、污染物排放、资源开发利用等禁止和限制的分类准入要求,并对照分区结果与海岸线利用现状,识别重点保护、重点优化利用与重点整治修复三类岸段,提出调整及优化建议。

### 1. 禁止开发岸线

禁止开发岸线的岸线管控目标为区内重要生态资源保护,该类型岸段岸线应以"保护优先"为出发点,原则上禁止一切影响及妨碍生态环境保护与航道安全的开发利用行为。基本管控要求如下:

(1)应对本类型区内,尤其是自然保护区、贴近海洋水产种质资源保护区范围内的排污口进行整改,采取迁建、拆除、关闭或强化整治等措施。

（2）最大限度保留原有自然生态系统，保护沿海重要湿地生境，禁止未经法定许可占用水域及自然湿地等生态空间。切实加强对自然保护区的监督管理，严格核心区、缓冲区内人类活动管控，已侵占的要限期予以恢复。

（3）禁止新建、扩建、改建三类工业项目，现有或在建项目应在控制规模、不得增加污染负荷的前提下，限期治理并有计划地清理或迁出该区，且应制定有关生态保护和恢复的治理方案并予以实施。

2. 优化开发岸线

优化开发岸线的岸线管控目标为水生态与行洪安全，其管理重点为统筹协调、集约利用、合理布局，严格执行相关法律法规及管理条例，以实现岸线资源科学合理地开发利用。具体的管控要求如下：

（1）执行严格的产业准入标准，提高环境风险行业准入门槛，加强石化、化工、医药、纺织、印染、化纤、危化品和石油类仓储、涉重金属和危险废物等重点企业环境风险评估与监控，严格控制敏感水体周边高风险项目布局；完善沿海化工园区污水管网建设及污废水处理能力，严格控制污染物排放总量，保证污染物稳定达标排放，同时完善企业及园区环境风险防范与应急处理预案。

（2）优先在沿海存量岸线上实现集约利用，合理规划与整合现有港口群；整治复绿非法码头和不符合环保规定的码头，开展港口与航道生态恢复和修复，建设生态航道、绿色港口。

3. 限制开发岸线

限制开发岸线的岸线管控目标为洪水调蓄安全与沿海生态环境，其管理重点是严格控制建设项目类型，或控制其开发利用强度，强调控制和指导，以实现沿海岸线的合理开发与集约利用。具体的管控要求如下：

（1）根据实际需要合理规划布局城镇功能组团，除国家重大战略项目外，停止一般性的新增围填海项目审批，高效利用存量海岸线资源。

（2）严格控制新建有明显不利影响的危险化学品码头、排污口、电厂排水口等项目，严格污水控制与管理。

（3）加强岸段区域内防护绿地与生态空间建设，在最低程度影响河道自然形态和海洋生态（环境）功能的前提下，进行沿海景观及风貌带建设，严控海洋公园过度硬化破坏重要湿地生态。

# 第7章 浙闽沿海典型城市海岸线资源利用

## 7.1 宁波市海岸线资源利用情况

### 7.1.1 宁波近岸海域空间资源利用现状

宁波市位于我国长江发展轴和沿海发展轴"T"字形交汇处,东有舟山群岛为天然屏障,北濒杭州湾,西接绍兴市的嵊州、新昌、上虞,南临三门湾,并与台州的三门、天台毗连。据 2006 年统计数据显示,宁波市管辖海域面积 8014.89 km²,海岸线长达 1034.77 km,其中大陆岸线 632.36 km,占总海岸线的 61.11%。宁波近岸海域海岸地貌类型丰富,有以杭州湾为代表的河口型海湾、以金塘水道和螺头水道为代表的潮汐通道、以象山港及三门湾为代表的基岩淤泥质海湾和以象山县东部沿岸海域为代表的水下岸坡。广阔的海域面积和丰富的海岸地貌,使得宁波海域由北向南呈现出不同的潮动力特征。就潮汐类型而言,宁波海域大多属于不规则半日浅海潮海区,最大潮差出现在杭州湾南岸沿岸海域,高达 6.32 m,整个宁波海域属于中等到强潮海区。就潮流类型而言,杭州湾南部沿岸海域、象山港海域和象山县东部海域属于规则半日浅海潮流海区,而镇海至崎头角岸段沿岸海域和宁波三门湾海域则属于不规则半日浅海潮流海区。潮流运动形式多为往复流,且最大涨、落潮流流向与岸线及等深线走向基本一致,仅在象山港口门附近及象山县东部沿岸海域呈现旋转流特征。受复杂海底地形和近岸潮流的共同影响,宁波海域泥沙运移趋势及分布也呈现不同的特征。

近年来,宁波近岸海域空间资源开发利用活动日趋频繁,开发强度不断加大,围海造地和港口"121 工程"建设已经成为宁波市当前最重要的用海活动。大规模的岸线改造工程改变了宁波近岸海域原有的海洋环境,特别是对水文动力环境和泥沙冲淤平衡的改变,导致海底地形地貌和岸滩形态发生严重变化。镇海新泓口围垦评价报告曾指出,该围垦将给镇海港区带来 0.05~0.2 m 的年淤积量,每年将增加(8.5~11.5)×10⁴ m³ 的清淤量,将对北仑港区造成每年 0.05~43.1 m 的淤积,并预测实际影响可能更大,不仅给区域水动力泥沙环境造成较大的影响,威胁通航安全,而且每年大量的清淤疏浚还将带来巨额的经济损失。目前,宁波市以海洋经济 10%左右的增长速率成为浙江省海洋经济的核心示范区和先行区,形成杭州湾南岸滩涂围垦区、镇海北仑港口发展区、象山港生态经济型开发区等六大海洋产业区。受到这些地区经济发展和临港工业发展需求的影响,杭州湾南岸养殖区、象山港养殖区和三门湾养殖区附近都迫切需要新增排污设施，城市污水排海工程建设已成为宁波市现在乃至未来一段时期内主要用海活动之一。排污口设置必须充分考虑区域水文动力环境和水体对污染物的稀释与扩散能力，使污染物向着非养殖区域稀释和扩散，否则将引发海上排污与海洋渔牧业之间的矛盾。临港区域经济发展和近岸海洋环境保护之间的矛盾日益突出，已经成为宁波市海洋经济发展急需解决的科学问题之一。

### 7.1.2　宁波港域港口岸线资源整合探析

#### 1. 宁波港口与岸线概况

1）宁波港口概况

宁波港域地处我国大陆海岸线中部，沿海和长江"T"形结构的交汇点上，地理位置适中，是中国大陆著名的深水良港。宁波港是中国大陆最主要的原油、铁矿石、集装箱、液体化工中转储存基地，华东地区主要的煤炭、粮食等散杂货中转和储存基地。宁波港域包括甬江、镇海、北仑、穿山、大榭、梅山、象山港和石浦八大港区。目前，拥有各类泊位 500 多个，其中港口生产用泊位总计 332 个，包括集装箱泊位 21 个，万吨级以上大型泊位 85 个，10 万吨级以上特大型深水泊位 21 个，是我国大陆大型和特大型深水泊位最多的港口之一。

2）宁波岸线利用现状

宁波海岸线总长为 1034.77 km，占浙江省的三分之一。其中，大陆海岸线总长 632.36 km，海岛岸线总长 402.41 km。根据《宁波-舟山港总体规划》，宁波规划港口岸线总长 170 km。其中，港口深水岸线 139.1 km，占规划的 81.8%。至 2011 年底，已利用规划岸线约 105 km，其中深水岸线使用约 82 km；剩余规划岸线 65 km，剩余深水岸线约 57.1 km。

#### 2. 港口岸线资源开发利用存在的问题

由于开发早、规划、监管等原因，宁波港域部分港口岸线存在深水浅用、优线劣用、闲置不用、陆域和水域被移作他用等现象，岸线资源开发比较粗放，节约使用、合理使用的岸线利用原则没有得到充分落实和体现，相对于丰富的港口岸线资源，宁波港域港口岸线资源利用还相对滞后。

1）港口岸线资源日渐稀缺，保护利用刻不容缓

宁波港域港口岸线资源虽然总量丰富，但经过多年发展，面临容纳能力饱和、可成片规模化开发的优良港口岸线减少，近期可开发岸线少，未开发岸线资源受到水陆域自然条件、进港航道和海洋功能区划等因素制约，开发成本高，开发难度较大等问题。

甬江、镇海、北仑三大港区岸线资源基本开发完毕；大榭港区本岛深水岸线资源已基本开发完毕，剩余穿鼻岛、小田湾区域约 4 km 深水岸线资源可待开发；象山港和石浦港区由于军港、渔港的存在，目前以资源控制规划为主，港口资源的开发应充分论证与环境容量、生态的关系，并不适宜大规模开发港口生产岸线。同时受航道、锚地、交通物流等条件限制，建设大等级码头需要较高的成本。

2）先期开发港城发展矛盾突出，港口功能布局规划相对滞后

宁波港口在发展和城市建设的初期，由于对港口与城市关系的认知缺位、市场配置资源的局限性及政府管理手段的相对落后，造成了港城发展矛盾突出，港口功能布局不紧凑等问题。如甬江港区由于城市拓展、泊位等级低、码头老旧等一系列原因，不再适宜发挥其原定的生产岸线的功能。镇海、北仑港区的港口和城市是同步发展的，港口和城市在空间上几乎融为一体，城市和港口相互影响了各自功能的发挥。

港口功能布局规划存在的问题主要是部分码头布局分散、不成规模，造成相关的水、电、集疏运以及城市配套设施难以配套或重复建设的情况。由于岸线资源使用成本较低，一些企业占用过多岸线，且企业专用码头建设随意性较大，布局分散；同时也分割了公用泊位区，影响公用泊位效率的发挥。如北仑港区，由于业主码头抢先占用岸线，导致集装箱码头难以集中布局，造成功能不协调、资源浪费，难以实现规模化、集约化经营，降低了港口的综合效益和资源利用率。

3）生产泊位通过能力不平衡，存在深水浅用现象

长期以来，对港口岸线都是无偿开发使用，缺乏合理配置岸线资源的市场竞争机制，部分岸线的开发利用缺少统筹规划，任意占用岸线，"深水浅用"造成岸线资源的浪费。宁波港域主营的五大货种中，油品、液体化工类货物的通过能力能满足生产需求，而煤炭类货物吞吐量超设计通过能力53%，集装箱超96.3%，金属矿石类码头货物超61.6%，各货种码头生产通过能力存在一定不平衡性。

### 3. 港口岸线资源整合利用对策建议

1）加强岸线资源管理，有效保护港口资源

随着可利用的港口岸线资源的不断匮乏，需不断完善港口岸线管理的法律、法规，确保港口岸线的合理开发和有效利用。以港口规划为依据，认真把好岸线审核关，进一步完善港口岸线资源管理信息化系统，有选择性地引进港口项目，建立对项目初步评价机制，严格控制港口岸线投资强度、土地投资强度，合理配置货种，引导一批符合产业政策、低能环保、能有效利用港口资源来促进地方经济发展的项目落户，阻止占用资源大、产能落后、不符合产业政策的项目进入。

2）正确引导港区项目合理布局，加快建立多层次、完善的港口规划体系

加大规划统筹力度，主动做好与其他规划的衔接。加快推动梅山保税港区、

象山港港区、石浦港区等新港区总体规划的编制工作,研究编制重点作业区的控制性详细规划及研究工作,从而建立以《宁波-舟山港总体规划》为龙头、各港区详细规划和专项规划相配套的系统的港口规划体系。

科学引导港口项目建设。优先发展公用码头,优先建设一些与发展水平相匹配的货种码头,优先发展增长量快的货种码头,如集装箱、矿石码头。由于穿山港区中宅码头、光明码头和镇海港区通用散货码头建成,煤炭泊位能力基本适应,可适度发展油品、化工泊位,限制船厂舾装码头盲目扩张建设。

按照规划的功能定位,按照集约化、规模化、大型化、专业化的布局,对各港区进行科学的功能分工,合理安排重大项目建设时序,避免无序建设和浪费岸线资源。加快推进老港区港口资源的优化整合,整合提升公用码头和业主码头,推进集装箱码头的连片改造建设,优化港口项目的合理布局,提高港口整体竞争力和码头的集约化发展水平。

3)推进码头结构性调整,促进港口可持续发展

对于存在的"港""城"发展矛盾突出、港口功能布局散乱、"深水浅用"等问题,有计划、有步骤地推进港口码头结构性调整。

与城市规划有矛盾的港区进行功能调整。部分老港区的发展同城市规划、居民生活区等存在矛盾,造成港口功能布局缺乏完整性,需要对这些港区功能进行调整。如甬江港区由于城市拓展、港区内泊位等级低、码头老旧等因素,已不再适合生产岸线的功能定位,根据城市规划和港口规划,主要为旅游、商贸、文化等性质为主的公共设施以及城市物流配送服务,该区域资源整合除保留两个城市物流配送点外,其他货主码头将根据规划逐步搬迁出城区,将不再新建港口码头。

对岸线资源利用混乱的区域,进行整合调整。其中北仑港区以提高作业效率和改善通关环境为主,创造条件整合中部作业区岸线资源,规模化发展集装箱运输。如将北仑港区煤炭码头调整为集装箱码头,与紧邻的集装箱泊位共同形成集装箱泊位群,使港区布局更趋于规模化、合理化。青峙化工码头与科元塑胶化工码头之间布置的海湾重工钢管码头,将整体搬迁,结合原有岸线建设更高等级的化工码头,可以形成产业集聚。

4)推进业主码头合作与开放经营,提升码头通过能力和利用效率

推进业主码头公用化。企业业主码头最大的特点是,其建设营运主要靠自身项目带动,难以形成资源共享。随着经济发展,业主码头对腹地的利用价值不断增强,有条件的业主码头应充分发挥企业资源优势,在政府协调下,最大限度地提高码头运作效率,推进业主码头合作与开放经营。

加强老旧码头技术改造,进一步挖掘现有码头潜能。在符合港口规划功能定位的前提下,鼓励在原有岸线的基础上,通过现有码头改造扩建、提高等级、改进工艺、更新设备、完善配套设施等方式,进一步提高港口的通过能力,调整与

优化港区功能结构。加固改造镇海、北仑港区老旧码头，重点实施北仑港区煤炭泊位改造工程，同步扩建后方堆场等设施，制定完善老旧码头升级改造规程，简化审批手续，逐步发展集约化、专业化港区。其中，通过对老码头结构的升级改造来进一步提高码头的通过能力是一项非常有效的举措。根据调研对整个宁波港域现状码头的摸底、排查、分析、比对，参照部分已经改造的码头成功范例，"十四五"期间，可先期重点对 19 个项目进行结构升级改造。通过升级改造，可以将现状码头的通过能力提高 3537 万 t/a，其中散杂货通过能力增加 1947 万 t/a，集装箱增加 120 万标准箱/a，将大大提高港口岸线资源的使用效率，可以节省大量宝贵的岸线资源。

5）完善港口岸线有偿使用制度，推动岸线资产化管理

港口岸线资源的有效开发和利用，既离不开政府的有效调控和管理，也离不开市场机制的有效作用。对港口岸线资源进行评估，是岸线使用管理的一项重要内容，是制定岸线使用金征收标准的重要依据。全面推进岸线有偿使用原则，充分考虑水陆资源状况及社会经济等因素，建立一套科学合理的岸线资源价值评估体系，制定合理的岸线价格体系，按有偿原则进行岸线资源开发利用，形成政府调控下港口岸线资源市场化配置机制。可采取三种途径实现港口岸线资源资产化：一是将岸线资源出租给企业，以租赁使用权的方式实现岸线资源的价值化；二是将岸线合作权物化，以出让或者转让的方式实现岸线资源的价值化；三是将岸线使用权作价出资或者入股。

### 7.1.3 宁波海岛海岸线分类与管理策略

#### 1. 宁波海岛海岸线基本情况

宁波市地处我国沿海经济带和长江流域经济带交汇区域的南端，长江三角洲的中心地带，是我国最早的对外通商口岸之一，是长三角经济圈海域扇面的核心主体组成部分。根据《中国海域海岛标准名录》记录，宁波市所辖海域内海岛数量为 614 个，主要集中在甬江口、北仑穿山港区、象山港、象山东部、石浦港及三门湾等附近海域，远岸的岛屿数量较少，主要集中在渔山列岛和韭山列岛。

据统计，宁波市海岛海岸线总长 402.41 km，主要分布于有居民海岛。其中，自然岸线 392.23 km，占 97.47%；人工岸线 10.18 km，占 2.53%；全市海岛自然岸线以基岩岸线为主，占总长的 77.9%，人工岸线类型包括海堤、码头、防潮闸、船坞、道路等人工构筑物形成的海岸线。从行政区位来看，象山县海岛个数最多，海岛海岸线最长，长度为 259.1 km，其中基岩岸线 253.7 km，砂质岸线 5.4 km；其次为北仑区，海岛岸线总长度为 39.5 km，均为基岩岸线。在

已开发利用的海岛海岸线中，确权使用海岸线长度约 7.5 km，仅占总长的 1.9%，占已开发利用海岸线的 73.6%。

人类活动对海岛海岸带资源环境产生了一系列影响，反映了海岛海岸线在开发利用的保护与管理方面存在的问题，包括海岛开发产业规模和利用效率有待提升、海岛海岸的经济开发与生态环境的矛盾亟待解决、海岛岸线资源配置不够合理等。2018 年 7 月 22 日，浙江省海洋与渔业局印发《浙江省海洋与渔业局关于加强海岸线保护与利用管理的意见》，提出全省海岛自然岸线保有率不低于 78%，与此同时，浙江省海岛自然岸线保有率已接近国家下达的控制指标。因此，加快完善宁波市海岛海岸线的分类保护与管理体系，实现自然岸线保有率控制目标，保障全市海洋生态环境和社会经济可持续发展，已迫在眉睫。

2. 海岛海岸线保护等级与管控要求

1）保护等级

海岸线是海洋资源的重要组成部分，也是海洋经济发展的重要载体。根据宁波市海岛海岸线的地理位置、资源环境、社会经济发展现状等基本情况，衔接《海岸线保护与利用管理办法》，结合海岛保护规划、海洋生态红线划定方案、生态环境保护"十三五"规划等规划内容，将宁波市海岛海岸线划分为 3 个保护等级（表 7.1）。

表 7.1　宁波市海岛海岸线保护等级分类规划

| 保护等级 | 岸线特征 | 岸段数量/个 | 岸线长度/km | 占总长比例/% |
|---|---|---|---|---|
| 严格保护岸段 | 自然形态保持完好、生态功能与资源价值显著的自然岸线，主要包括优质沙滩、典型地质地貌景观、重要滨海湿地等所在海岸线 | 15 | 99 | 24.6 |
| 限制开发岸段 | 自然形态保持基本完整、生态功能与资源价值较好、开发利用程度较低的海岸线，功能类型多属于旅游休闲娱乐岸段 | 45 | 236 | 58.7 |
| 优化利用岸段 | 人工化程度较高、海岸防护与开发利用条件较好的海岸线应划为优化利用线，主要包括工业与城镇、港口航运设施等所在岸线 | 15 | 67 | 16.7 |

在区域分布上：严格保护岸段主要位于象山港（奉化区、鄞州区、宁海县）、三门湾（宁海县）及石浦港区域，已全部纳入红线管控范围，其中约有 72 km 的岸段已纳入红线中禁止类管控范围，29 km 的岸段已纳入红线中限制类管控范围，现状均为自然岸线；限制开发岸段主要位于北仑港、象山港（奉化区、宁海县）、

象山县东部及石浦港区域，其中约有 124 km 的岸段已纳入红线中禁止类管控范围，107 km 的岸段已纳入红线中限制类管控范围，仅有 5 km 的岸段未纳入红线管控范围，现状为自然岸线的约有 194 km，纳入宁波-舟山港规划的岸线约有 17 km；优化利用岸段主要位于北仑区（大榭港、穿山港、梅山港）和象山县（石浦港），其中约有 32 km 的岸段已纳入红线中限制类管控范围，现状为自然岸线的约有 24 km，纳入宁波-舟山港规划的岸线约有 64 km。

2）管控要求

以保护等级为指标，明确各岸段的管控要求，规范开发程度和利用方式，有利于实现海岸线资源的优化配置。

严格保护岸段：禁止实施改变海岸自然形态和影响海岸生态功能的开发利用活动，禁止在严格保护岸段构建永久性建筑物和围填海、开采海砂、设置排污口等损害海岸地形地貌和生态环境的活动，大力推进沙滩喂养、滩涂修复等整治修复活动。

限制开发岸段：严格限制破坏海岛生态环境的开发利用活动，在符合功能区划和科学论证的前提下，允许少量构筑物；严格控制改变潮滩或海底地貌形态和生态功能、占用自然岸线的行为；海岸线开发利用不可对海岸带生态系统和周围海域水动力情况产生不利影响。

优化利用岸段：在符合功能区划前提下，使开发利用空间布局最优化，达到海岸线高效集约利用；允许改变潮滩或海底地貌形态和生态功能，围填海若占用自然岸线应占补平衡；海岸线开发利用不可对海岸带生态系统和周围海域水动力情况产生不利影响。

3. 海岛海岸线功能用途与管控要求

根据宁波市海岸自然条件、海域开发利用现状、海岛功能定位和发展目标，综合考虑海洋功能区划、海洋主体功能区规划、土地利用总体规划等规划内容，从海岸线功能用途与开发方向角度，将宁波市海岛海岸线划为 6 种，划分依据如表 7.2 所示。

表 7.2　宁波市海岛岸段功能用途类型及划分依据

| 岸段功能类型 | 划分依据 | 岸线长度/km |
| --- | --- | --- |
| 农业围垦岸段 | 适于拓展农业发展空间和开发利用海洋生物资源，用于农业围垦的海岸段 | 24 |
| 渔业岸段 | 适于渔港和育苗场等渔业基础设施建设、海水养殖和捕捞生产，以及重要渔业品种养护的海岸段 | 112 |

续表

| 岸段功能类型 | 划分依据 | 岸线长度/km |
|---|---|---|
| 港口航运岸段 | 适于开发利用港口航运资源,可供港口、航道和锚地建设的海岸段,包括港口区、航道区、锚地区 | 99 |
| 工业与城镇建设岸段 | 适于滨海城镇建设用于填海和围海(港口建设除外)发展临海工业的海岸段,以及用于公共和基础设施建设、城镇居民亲海、赶海等功能用途的海岸段 | 16 |
| 旅游休闲娱乐岸段 | 适于旅游风景区和滨海休闲娱乐场所建设,滨海景观和旅游资源丰富的海岸段 | 96 |
| 海洋保护岸段 | 位于专供海洋资源、环境和生态保护的海域内的海岸段,包括位于各级各类保护区范围内的海岸段,以及具有特殊价值的海岸线 | 56 |

1)功能布局

宁波市海岛海岸线各功能用途岸段的岸线长度不尽相同,其中农渔业和港口航运岸段居多,旅游休闲娱乐岸线次之。

有居民海岛海岸线功能类型空间布局:宁波市有居民海岛共19个,其中乡级以上有居民海岛4个。岸线总长度162 km,共划分为43个功能岸段(表7.3),其中约有67 km的岸段未纳入红线管控范围,现状均为人工岸线。港口航运岸段位居第一,列第二位的是渔业岸段,仅有4 km的海岸线用于工业与城镇建设。

表 7.3　宁波市有居民海岛岸段功能类型统计　　　　(单位:个)

| 类型 | 岸段数量 | 区域岸段分布情况 | | |
|---|---|---|---|---|
| | | 北仑区 | 宁海县 | 象山县 |
| 农业围垦 | 4 | / | / | 4 |
| 渔业 | 9 | / | 3 | 6 |
| 港口航运 | 20 | 8 | / | 12 |
| 工业与城镇建设 | 1 | 1 | / | / |
| 旅游休闲娱乐 | 7 | 1 | 3 | 3 |
| 海洋保护 | 2 | / | / | 2 |

无居民海岛海岸线功能类型空间布局:宁波市无居民海岛595个,其中143个为已开发无居民海岛,占总海岛数的24.0%,总体开发利用程度高于浙江省平均水平,且离大陆岸线较近的岛屿开发利用程度较高。岸线总长度241 km,共划分为52个功能岸段(表7.4),其中约有8 km的岸段未纳入红线管控范围,现状为人工岸线和基岩岸线。渔业岸段位居第一,列第二位的是港口航运岸段,仅有16 km的海岸线用于工业与城镇建设。

表 7.4　宁波市无居民海岛岸段功能类型统计　　　（单位：个）

| 类型 | 岸段数量 | 区域岸段分布情况 | | | | |
|---|---|---|---|---|---|---|
| | | 北仑区 | 鄞州区 | 奉化区 | 宁海县 | 象山县 |
| 农业围垦 | 3 | / | / | / | 1 | 2 |
| 渔业 | 19 | / | 1 | 2 | 5 | 11 |
| 港口航运 | 14 | 6 | / | 2 | / | 6 |
| 工业与城镇建设 | 2 | / | / | / | / | 2 |
| 旅游休闲娱乐 | 12 | / | / | 5 | 2 | 5 |
| 海洋保护 | 2 | / | / | / | / | 2 |

2）管控要求

海岸线的功能定位是制定海岸线保护与管理对策的基本依据之一。根据宁波市海岛海岸线的功能用途类型，进行分类控制和管理，规范开发利用活动。各功能岸段海水水质、海洋沉积物质量和海洋生物质量标准如表 7.5 所示。

表 7.5　各功能类型岸段近岸海域环境质量标准

| 岸段类型 | | 海水水质标准 | 海洋沉积物质量标准 | 海洋生物质量标准 |
|---|---|---|---|---|
| 农业围垦岸段 | | 不劣于二类 | / | / |
| 渔业岸段 | 捕捞、水产种质资源保护 | 不劣于一类 | 不劣于一类 | 不劣于一类 |
| | 其他 | 不劣于二类 | / | / |
| 港口航运岸段 | 港口 | 不劣于四类 | 不劣于三类 | 不劣于三类 |
| | 航道、锚地 | 不劣于三类 | 不劣于二类 | 不劣于二类 |
| 工业与城镇建设岸段 | | 不劣于三类 | 不劣于二类 | 不劣于二类 |
| 旅游休闲娱乐岸段 | | 不劣于二类 | 不劣于二类 | 不劣于二类 |
| 海洋保护岸段 | | 不劣于一类 | 不劣于一类 | 不劣于一类 |

农业围垦岸段：保障农业填海造地，围垦要控制规模和用途，严格按照围填海计划和自然淤长状况科学有序推进；加强滩涂资源统筹开发，科学确定滩涂围垦岸段的功能定位、开发利用方向，合理安排农业用地。

渔业岸段：禁止进行有碍渔业生产或污染水域环境的活动，除基础设施建设和海域海岸线整治外，禁止改变岸线自然属性；优先发展高效生态海水养殖，科学建设海洋牧场；控制近海捕捞总量和强度，严格执行禁渔休渔制度；加快水产品加工企业技术升级，控制企业排污入海量；保护水生生物和增殖保护品种的种质资源，维护海洋生物量和生态系统多样性。

港口航运岸段：优化港区平面布局，节约集约利用海域资源，加快建设以宁波-舟山港为核心的港口体系，加强重大基础设施建设，完善综合交通和集疏运体系，提升港区服务功能；禁止开展任何与航运无关、侵占航道、存有航行安全隐患的活动；加强港口综合治理，改善原有水动力和泥沙环境，制定船舶溢油等海洋污染应急预案，减少对周边海域环境的影响。

工业与城镇建设岸段：遵循减少占用自然岸线、提升生态功能的原则，集约节约用海；提倡由海岸向海延伸式转变为人工岛式和多突堤式、由大面积整体式转变为多区块组团式围填海；加强施工动态监测，降低对海岛及海域生态环境的影响；在产业区和生活区设置隔离带，降低工业开发对人居环境的影响。

旅游休闲娱乐岸段：保护旅游岸线资源，控制旅游强度，合理确定开发利用承载量；加快旅游资源整合和深度开发，完善旅游配套设施；禁止建设污染、破坏环境的工程项目，严格保护岸线自然属性和人文景观；严格控制占用海岸线和沿海防护林，开展海岸带整治修复。

海洋保护岸段：严格依据海洋保护区相关法律法规进行管理；除基础设施和配套建设外，禁止改变岸线自然属性；在不影响基本功能的前提下，核心区外可兼容科研教学、生态旅游和人工鱼礁等功能；严格保护各类珍稀、濒危生物资源及其生境，维持、恢复和改善海洋生物物种多样性；保护重要地形地貌，恢复、治理受损海域资源及环境。

### 4. 管理策略建议

1）统一空间性资源规划体系

将主体功能区规划、海洋主体功能区规划、土地利用总体规划、海洋功能区划、生态功能区划、环境功能区划和城乡总体规划等空间性规划的编制管理职能进行整合，建立统一的空间规划体系，解决长期以来存在的规划内容交叉冲突、规划体系紊乱庞杂、规划管理各自为政等问题，引导空间资源有序开发和高效利用。积极开展"多规合一"改革试点，按照"全国一盘棋、全省一盘棋"的发展思路，统筹协调各类空间性规划。

2）制定市级海岛海岸线规划

我国海岛海岸线规划尚处于探索阶段，应加快制定宁波市海岛海岸线保护与利用规划；明确全市海岛海岸线各岸段的保护等级和保护要求，根据目标和要求制定针对性管控措施；根据功能用途将海岛海岸线进行科学分类，实现海岸线资源的优化配置；提出对受损自然岸线进行整治修复的建议，避免稀缺海岛岸线资源遭受人为破坏和浪费。

3）规范海岸线利用项目管理

在保护上以自然状态为主，减少不可逆开发，严格限制新建项目占用自然岸线，对于经科学评价认定为生态系统较为脆弱的海岸带区域，应严格禁止所有开发活动；在利用上因地制宜，依据区位优势和自然条件针对性开发，利用条件不成熟的暂时不用，占用人工岸线的建设项目应遵循集约利用原则，有发现粗放浪费利用的项目应勒令中止，经整改后实施，严重者依法拆除。

4）实现监视监测网络全覆盖

以科学监视监测与评价为导向，建立健全实时动态信息管理体系，全面摸清宁波市海岛及其周边海域的生态环境和开发利用现状、自然资源保有量的变化趋势及不利于海岛生态系统可持续发展的潜在危险。实现海岸线资源动态监管，及时发现和纠正违法使用海岸线的行为，有效监控海岸线开发利用和保护。

5）修复海岛海岸带自然风貌

修复生态岸线，落实海洋垃圾回收资源化，改善港湾水质条件和沿岸生态质量，实施港池疏浚工程，将当地脏乱差的工业岸线转变成具有景观休闲功能的生态岸线；养护岸滩资源，开展潮间带生物资源恢复，改善湿地生物多样性状况，科学合理喂养人工海滩，恢复沙滩资源地理空间；构建滨海景观，对于新形成人工岸线的景观建设，在保证区域安全的前提下尽量增加多种功能，使公共景观、海岸生态与商业开发之间获得良好平衡。

### 7.1.4　宁波湾区创新发展的困境与对策

1. 宁波"三湾"产业提升面临的困境

1）湾区经济现状领航浙江，但落后于杭州、青岛等兄弟城市

虽然近年宁波各级政府逐步重视湾区经济建设，但相比兄弟城市港口核心区经济的发展，宁波湾区产业发展仍相对滞后，突出表现在产业基础构建尚未完成，产业体系有待优化升级。宁波湾区产业发展方向相对明确，土地资源开发条件相对良好，外部开发条件优越性决定了湾区经济发展潜力，但其薄弱产业基础制约了湾区的后续发展。探究其主要原因是开发资金压力、社会经济与生态效益兼顾原则、湾区传统产业转型等方面的考验。各湾区产业发展存在差异性，杭州湾产业基础发展状况良好，基本按照杭州湾相关规划要求，进行专项产业集聚。但其产业集聚区建设仍处于初期阶段，对外联系以及产业体系抗风险能力较为薄弱。象山港未来产业以海洋渔业和现代海洋服务业为主，但其发展基础的生态条件有待优化，依托象山港生态环境现状，相关产业进一步的发展推进阻力较大。三门湾地区海洋产业发展基础最为薄弱，海洋产业发展程度仍处于基础条件培育阶段。

2）依托以岸线和港口为主的资源、资本密集型产业主导湾区经济，科技创新驱动乏力

宁波湾区中的部分地区由于发展上过度依赖于现有资源，难以调整原有的发展模式和形式。这就导致在产业调整和产业技术革新时出现适应慢等问题，目前

宁波湾区仍然以工业产业为主，第一产业也占据了较大比重，面临产业结构单一化、科技创新与人力资本挤出、经济增长方式粗放等发展难题。因此为了发展创新型湾区，需要政府、企业等加大科技投入供给，在产业的升级与突破上加以重视，更重要的是在产业转型、资源利用方式转变、生态环境治理等多方面坚持创新导向，培育现代企业，从而使区域内原有经济模式的发展惯性减小甚至消失。

与国内主要海湾城市相比，宁波科技创新能力存在一定差距。一是高新技术产业产值和比重仍然较小。2020年宁波高新术产业产值9245.25亿元，约为深圳的28.52%、苏州的41.25%。二是高等教育资源严重缺乏。宁波高校数量仅为15所，缺少985、211高校，后备人才资源发展不足；全国重点学科数还未实现零的突破。三是创新投入依然偏低。

3）湾区经济综合发展的长效机制亟待建立

宁波湾区现阶段面临的最大问题在于湾区海洋产业与宁波港口经济核心区关联性的问题，尤其是随着宁波与舟山港口的关联发展，海洋经济发展重心的北移将进一步增加湾区海洋产业发展难度。其中三门湾地区处于宁波低交通密度地区，海洋经济产业联系能力较差，产业基础构建难度及外部扶持难度较大。象山港、杭州湾地区同样面临产业重心北移的问题。因此，要实现湾区经济综合发展，必须要考虑海洋经济发展重心迁移的事实以及对湾区开发造成的外部影响，亟须建立起一种长效机制予以制衡。

### 2. 推进宁波湾区产业创新发展的科学路径

1）谋划湾区顶层设计，突出分工、科技平台人才培育的统筹与推进

从国家层面进行顶层设计给予政策支持。加强宁波三湾内部的产-镇合作协调，建立有效的科技合作平台和竞争机制，根据产业地方特色与全球嵌入情况统筹推进人才集聚与创业创新政策体系，通过差异化定位与错位互补，实现湾区协同和共同发展。

引进优秀的创业孵化团队，孵化科技类创业创新企业，加强对接合作形成交流共建机制，探索建设科研产业资本的新型研发创新体系。宁波杭州湾以智能制造为主线，贯通各创新平台，整合域内的智能（汽车、医疗、家电、海洋装备）平台，形成网状创新驱动模式；象山港湾以西打造为"休闲湾"、以东打造为"国际物流湾"，突出区域海洋生态环境优势，注重点状驱动发展；三门湾瞄准新兴产业，注重吸引大平台、大产业的引进，聚集通用航空、游艇制造等大产业，创造条件推动建设宁波-舟山港的组合港。

2）紧扣城区-湾区新兴产业联动发展路径研制湾区空间愿景

抓住宁波或杭州中心城区的产业平台外溢，通过配套、升级等有序调整方式，加强湾区内部之间的产业链、技术链、人才链的合作与协调发展，使宁波三湾的

创新能力增强，带动与辐射整个湾区腹地，引领市域经济的发展。

提升宁波在长三角城市群的功能，借助宁波-舟山合作共建舟山江海联运服务中心、中国（浙江）自由贸易区、义甬舟开放大通道、"一带一路"建设综合试验区等重大平台，着力打造全球一流的现代化综合枢纽港、国际航运服务基地和国际贸易物流中心，形成"一带一路"战略支点。

利用宁波舟山港现代化、国际化集装箱物流中心的优势，着力打造以港口物流业、临港产业为主，港产城融合发展的现代湾区海洋产业体系。杭州湾地区加速集聚智能海洋装备制造与特色小镇建设；梅山六横区域着力提升海洋生态科技产业集群平台，培育港航运营、物流、离岸等现代服务；三门湾以集聚平台为主线推动通用航空、游艇等的制造与企业研发集群，进一步提升宁波三湾的错位创新与协同竞争。

共绘沪甬协同建设世界级大湾区共同愿景。沪甬合作整体上已进入优势互补的新阶段，目前沪甬合作亟待大突破，宁波要进一步增强沪甬合作的主动性和力度，着力在湾区重大空间、平台、项目、体制、机制等的系统设计和落实上超前谋划。支持和引导上海、浙江等地企业以梅山新区为基地培育延伸航运物流、航运金融、航运信息、中转集拼等服务业，加快形成国际化港航物流产业集群。

3）注重提升基础设施创新人才政策的空间一体化和开放水平

以多式联运夯实港口核心竞争力。高水平建设江海联运服务中心、宁波海铁联运试验区，实施内河水运复兴，大力发展江海联运、海河联运、海铁联运等多式联运。积极发展海空联运，加快宁波机场三期项目建设，争创国家临空经济示范区，开辟"一带一路"沿线国家新航线。

以建设世界级自由贸易港为重点，全力推进"一带一路"综合试验区建设。推动自由贸易区建设，促进贸易便利化，是"一带一路"建设的关键路径。宁波作为外贸大市、开放强市，要集成发挥自身开放优势，积极拓展与沿线国家（地区）深层次经贸合作，构建更高标准的新型开放体制，加快自由贸易试验区政策复制，努力在现代服务业为主体的新一轮对外开放中先行一步，并在探索贸易投资便利化方面勇当先锋。

聚力建设一批高水平的人才培养与科技创新平台。支持宁波大学、宁波诺丁汉大学努力建设适应和服务区域经济发展的高水平研究型大学，推动宁波工程学院等创新学科组织模式，按照国家应用技术型大学建设要求，聚焦宁波产业需求设置学科专业，推动建立产教融合创新机制，培养技术技能型人才。大力引进国内外优质高等教育资源，将宁波湾区建设成为优质高等教育的集聚地和中外合作办学的实验区。

# 7.2　福州市海岸线资源利用情况

### 7.2.1　福州港海岸线资源概况

　　福州港位于我国东南沿海,扼台湾海峡,地理位置优越,一直以来是我国南北海运主通道的重要口岸,水路东距台湾基隆 149 n mile,北距上海 420 n mile,南距香港 420 n mile、距广州 549 n mile。福州港对外交通便利,经 104 国道、316 国道、324 国道和沈海高速公路与全国公路网相连;通过温福、福马、外福线接鹰厦线、浙赣线与全国铁路网相通;福州长乐国际机场已开辟至北京、上海、广州、香港等 20 余个大中城市的定期航班。

　　福州港是国家综合运输体系的重要枢纽,是海峡西岸经济区开发开放的重要依托,是福州市、宁德市和平潭综合实验区经济产业发展的重要依托,是海峡西岸对台“三通”的主要口岸。福州港在有序扩大港口规模的同时,应大力推进港口资源整合与结构调整,加快拓展临港产业和现代物流功能,提升对台运输和旅游客运服务水平,逐步发展成为布局合理、能力充分、功能完善、安全绿色、港城协调的现代化综合性港口。福州港地理位置详见图 7.1。

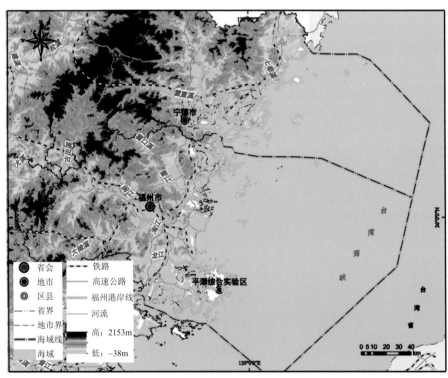

图 7.1　福州港地理位置

1. 福州港的优势

1）地理位置重要、区位优势明显

台湾海峡沟通东海和南海，是我国南北海运和诸多国际航线必经之路，福州港地处我国台湾海峡西岸，地理位置适中；福州港与我国台湾一水之隔，距香港、澳门较近；与东南亚各国距离适中，具有明显的区位优势，具备发展海运的良好环境。特殊的地理区位，使福州港成为海峡西岸经济区对外开放的窗口以及综合运输通道的承载者，在海峡西岸港口群中的地位和作用十分突出。

2）福州市城市依托条件好，宁德市城市发展潜力大

福州港直接依托的省会福州市是福建省政治、经济和文化中心，在工业经济、商贸流通、旅游会展等方面具有举足轻重的地位，也是国道和省道的交会点与外福铁路的终点；闽江是福建省最大的通航河流，内河运输便利。福州市是我国综合交通运输网中的重要枢纽。宁德市是海峡西岸经济区东北翼中心城市，为港口的发展提供了良好的外部环境，对福州港进一步聚集发展要素、优化发展环境提供了重要的依托条件。

3）港口资源丰富，建港条件较为优越

2008 年闽江口通海航道三期整治工程后，通航能力达到了 3 万吨级，为闽江口内港区开发创造了条件；松下港区直接依托元洪投资区，可建设 5 万吨级左右的深水泊位；江阴港区所在的兴化湾湾阔水深，泥沙淤积轻微，具备建设 20 万吨级大型泊位的条件；罗源湾已成为具有特色的工业港；三都澳具有天然掩护和深水优势，是颇具发展前景的深水港湾；平潭港区部分岸段建港条件较好，具有良好的发展前景。三沙、沙埕和赛江具备一定的建港条件，能够满足服务地方经济的需要。福州港的 9 个港区各具优势，可以互为补充、协调发展，较为优越的港口资源是福州港发展建设的优势。

4）经济发展、产业布局对港口的需求迫切

福州港地处闽江口"金三角"经济圈的中心，直接依托的福州市是闽东南沿海经济发展带的北桥头堡，是我国改革开放以来经济增长迅速的地区之一。近年来涌现出各类开发区、投资区和工业小区，以"三资"、独资企业为主体的外向型经济蓬勃发展；沿江、沿海的产业布局需要依托便利的港口运输条件；全社会对港口的需求十分旺盛，建港积极性高涨，这都为加快本地区港口建设步伐创造了十分有利的条件。

5）海峡西岸经济区政策优势促进港口发展

福建与台湾一水之隔，与台湾地缘相近、人缘相亲、语言相通，具有大陆其他省份无法比拟的优势。随着国务院通过《国务院关于支持福建省加快建设海峡西岸经济区的若干意见》（国发〔2009〕24 号），海峡西岸经济区发展上升为国家

战略，长期以来困扰福建的外部环境得到极大的改善，福建省工业化进程有望显著加快，这必将带动交通基础设施实现跨越式发展。同时，海峡西岸经济区"服务周边地区发展的新的对外开放综合通道"也将为港口发展赋予新的使命，福州港发展已经迎来重要的历史机遇。

**2. 福州港的发展方向**

**1）我国综合运输体系的重要枢纽**

福州港直接依托的福州市地处我国东南沿海北部、台湾海峡西岸、闽江入海口处，是国家铁路干线鹰厦线支线外福线的终点，并成为福厦线、温福线上的重要节点；是104国道、324国道、316国道和福厦高速公路及京福、同三线等高等级公路和诸多省干道的交会点；同时又处在闽江入海口及我国沿海南北海运的节点，是闽东北地区对外交往的重要口岸，有江海联运的便利条件；福州是干线铁路、公路、内河、海运、航空等多种运输通道的交会点，是旅客和各种货物多式联运的枢纽。福州港在国内沿海港口中的地理位置适中，自然条件优越，城市依托良好，历来是我国重要的通商口岸之一，具有很大的发展潜力。

**2）以集装箱、能源、原材料运输为主，客货兼营的多功能综合性港口**

福州港所在的闽江口"金三角"是外向型经济发达、经济外向度较高的地区之一，集装箱生成量较为丰富，港口集装箱吞吐量平稳较快增长；腹地内所需煤炭、石油等能源及工业原材料需由省外调入，水运量逐年增加；以闽江河沙、乱毛石为主的矿建材料储量丰富，每年均有较大出口。集装箱、能源、原材料构成了福州港货物吞吐的主体。福州港港口功能日益拓展，港口保税、仓储、加工及临海工业发展较快，并将拓展港口物流功能。因此，福州港将成为以集装箱、能源、原材料和矿建运输为主，客货兼营的多功能综合性港口。

**3）面向国际、着眼对台经贸合作，发展现代化港口**

福建省特殊的地理环境决定了其对外交往主要依赖水运。福州港已成为腹地对外客货交流的窗口、外向型经济向内地辐射的口岸，2020年完成吞吐量占全省沿海港口吞吐量的31.20%，承担福建全省32.52%的外贸运输和19.18%的国际集装箱吞吐量。今后福州港将充分把握海峡两岸不断融合的新趋势和国际港航发展的新特征，着力提高港口基础设施水平，特别是要加快大型深水码头和配套设施建设，进一步丰富和拓展港口功能，使福州港逐步发展为集港口、航运、物流、贸易、会展、商务等要素为一体的国际化综合性商业强港，成为海峡西岸经济区融入全球化、联结海峡两岸的重要平台。

**4）服务经济、以港强市，促进临港产业布局**

闽江口"金三角"经济圈内马尾、快安、长安、元洪、江阴等各类投资区、经济技术开发区和工业小区主要临江、临海布局，依托便于原材料和产成品大进大出的运输港口；沿江、沿海的电力、冶金、建材等高耗能工业，以及高附加值产业也依托便于运输的港口，港口对临海工业的布局和发展有着举足轻重的作用。福州港应重点发展临港产业，强化港口岸线合理有序开发，保障港口及产业用地需求，大力推进大型原材料工业、能源产业和重型装备制造业等产业布局，进一步提升港口在地区经济和城市发展中的地位和作用。

3. 福州港的功能

1）运输组织

围绕港口的集疏运、装卸、储存、转运、配送、加工等业务形成运输组织管理中心，并通过全程运输组织管理将用户、运输企业、公路货运站、机场和港口等有机地联系起来，保障各个运输环节和工具设施的协调运转，实现各种运输方式的合理衔接与转换，提供高效、快捷、安全、经济的运输服务。

2）装卸储运、中转换装

港口是衔接公、铁、水、管等多种运输方式的综合交通枢纽，应具有专业化、现代化的码头，高效的装卸设备，充足的库场设施，畅通的集疏运通道，并通过完善的多式联运系统，实现装卸仓储和中转换装等港口基本功能，满足客户对货物的多种运输需求。同时提供安全、舒适、便捷的旅客转运服务。

3）临港工业

当前福建省仍处于工业化进程中，福州市、宁德市和平潭综合实验区土地资源紧张，两市一区应依托港口，为工业企业提供直接、低成本的运输服务，吸引依赖水运的工业向港口及其附近地区聚集，形成规模化、集约化的临港工业。

4）现代物流

现代物流是沿海主要港口在现代供应链环节中应发挥的重要作用之一，也是提升和拓展港口功能的内在要求。随着腹地经济社会，以及国际、国内贸易的快速发展，全社会对现代物流服务的需求将迅速增长。要依托港口的基础设施和多种功能，建立与港口紧密衔接的港口物流园区，充分发挥港口在现代物流中的基础平台作用，完善地区物流系统、提高服务效率、降低综合物流成本，向社会提供仓储、运输、配送、加工、保税、信息交换等现代物流服务。

5）通信信息

先进的通信及信息服务系统是实现港口科学管理的重要手段，可有效提高生产、流通的效率并降低社会成本，是港口现代化发展的重要组成部分，也是形成物流服务中心和运营组织与管理中心的重要基础。现代化的港口应具备方便快捷的现代化通信设施，及时准确的信息收集、处理和传递手段，以及通畅安全的信息网络系统，以更好地提供通信、信息服务。

6）综合服务

良好的服务系统能够保证繁忙的生产运输正常运转，港口是具备提供商务、边防、海关检查、动植物检疫、船舶检验与维修、设备检修等生产性服务的设施，是能为来船、来客提供生活补给、休息、娱乐等生活服务的设施，并具有景观、休闲等城市化功能，能提供优质的服务和良好的生产、生活环境。

4. 福州港岸线资源综合评价

（1）海湾潮差大，潮流动力条件较强，潮汐通道较稳定，风浪掩护好，水清含沙量小，泥沙来源少，滩槽冲淤变化较小，工程地质条件较好，具备了港口水域开发的基本条件。

（2）闽江口以北各海湾丘陵台地近岸，陆域纵深较窄，对外集疏运通道建设难度大；闽江口以南各海湾近岸陆域相对平缓，纵深较宽，对外集疏运通道建设难度较小，建港条件相对较好。

（3）闽江口内已建的部分港口岸线随着福州市城市建设的不断拓展，港口与城市之间的相互干扰将不断凸显，部分岸线的搬迁和功能的调整也将不可避免。鉴于闽江口内港口服务于福州市城市生活、对台"三通"，以及内贸、近洋集装箱运输的功能已确立，这种搬迁和调整也将是一个动态且相当漫长的过程，有关各方需统筹兼顾，尽量减少不利影响。

（4）各海湾港口岸线资源的开发利用差异较大，福州市域港口各港区协调发展，"南北两翼"已初具规模；宁德市域港口由于地区经济发展水平相对较低，临港工业发展起步较晚，岸线开发尚在起步阶段。借助两市港口资源整合的契机，应在充分认识资源特点和优势的基础上，确定各港区的发展方向，充分发挥深水港口岸线资源的作用。

## 7.2.2 福州港海岸线资源利用现状

1. 沙埕湾

（1）杨岐岸段：船缆头鼻—公鸡礁，主要服务地方经济，现福建龙翔煤炭有限公司泊位建有 1000 吨级煤炭泊位 1 个，已开发利用 0.3 km。

（2）金屿门岸段：吉屿—石头尾，主要服务水运工业，已建迈拓 3000 吨级码头（4 个泊位）和江南船厂、立新船厂项目，已全部开发利用。

（3）八尺门岸段：马仙居—后险，主要服务水运工业，已建八尺门作业区 1～5#通用泊位工程（3000 吨级），已开发利用 0.6 km。

（4）鸡母岩岸段：鸡母岩—芦湾，主要服务水运工业，现福鼎市增坪搬运有限公司和福鼎市圆通贸易有限公司各建有 1 个 500 吨级通用散货泊位，此外还有部分小型船厂，岸线已全部开发利用。

2. 三都澳

（1）城澳岸段：秋竹岐—长尾屿，主要服务临港工业，已建万吨级多用途泊位 1 个、 8000 吨级砂石临时泊位 3 个，5000 吨级滚装泊位 1 个，在建 5 万吨级多用途泊位和 4 万吨级件杂货泊位各 1 个，共占用岸线约 1.6 km。

（2）漳湾岸段：田螺—官沪岛，主要服务临港工业，已建漳湾作业区 8#、9#泊位，长约 360 m；漳湾作业区 1～4#泊位，长约 600 m；在建漳湾作业区 10#泊位，长约 234 m；现已开发利用 1.4 km。

（3）坪岗岸段：白马门口—佛头角，主要服务临港工业，现已建 3000 吨级杂货泊位、3000 吨级滚装泊位各 1 个和升港砂石 8000 吨级泊位 2 个，海和实业高镍合金项目配套的 5 万吨级散杂货泊位 1 个，下白石兵工厂及船厂码头岸线，现已开发利用 1.4 km。

（4）湾坞半岛岸段：小屿—白马角，主要服务临港工业，已建 500 吨级陆岛交通泊位、大唐电厂 3000 吨级重件和 5 万吨级煤炭泊位各 1 个，马头造船厂和新远修造船厂占有部分岸线，规划 1～15#泊位中 6#、7#万吨级、14# 3.5 万吨级通用散杂货已建成投产，5#万吨级通用散货泊位、12～13#3.5 万吨级通用泊位在建，已开发利用岸线总长约 2.6 km。

（5）溪南半岛岸段：鼻堡壁角—龙鼻村，主要服务临港工业。

（6）长腰岛岸段：岸线长约 3.9 km，主要服务临港工业。

3. 赛江

赛岐岸段：赛岐大桥下游，主要服务地方经济，现已全部开发利用。

4. 罗源湾

（1）将军帽岸段：后洋里—大黄礁，主要服务临港工业，在建将军帽作业区 15 万吨级散货泊位 1 个，现已开发利用 0.5 km。

（2）碧里岸段：狮岐—大澳，主要服务临港工业，已建 3 万吨级多用途泊位 1 个、5 万吨级多用途泊位 2 个及华东船厂舾装码头，现已开发利用 5.5 km。

（3）白水岸段：淡头—可湖，主要服务临港工业，现已建 5 个 500～1000 吨级泊位，现已开发利用 2.0 km。

（4）下屿岛岸段：岸线长约 1.0 km，主要服务临港工业，在建可门作业区下屿 1～4#泊位码头工程，岸线基本开发完毕。

（5）可门岸段：竹屿—施家，主要服务综合运输，已建 5 万吨级煤炭泊位 2 个、1 万吨级重件泊位 1 个、10 万吨级泊位 1 个，在建可门通用散货泊位 2 个，现已开发利用 5.6 km。

（6）黄岐岸段：岸线长约 0.2 km，已建对台滚装码头，岸线已全部利用。

5. 闽江口内

（1）台江岸段：魁岐码头岸线长约 1.1 km，台江港务公司已建魁岐一、二期码头 500～3000 吨级杂货泊位 14 个，现已全部开发利用，规划调整为城市生活岸线。

（2）马尾岸段：福建省轮船总公司海运基地—罗星塔，马尾港务公司已建 1 万吨级和 5000 吨级件杂货泊位各 2 个，福建京幅海洋渔业发展有限公司和福建省远洋渔业协会泊位 10 个，现已全部开发利用，规划调整为城市生活岸线。

（3）青州岸段：中钢集团—马尾港务客滚码头，中钢集团已建 1.5 万吨级散货泊位 1 个，3000 吨级杂货泊位 1 个；福州中盈港务有限公司已建 2 万吨级多用途泊位 1 个，福州青州集装箱码头有限公司已建 1.5 万吨级集装箱泊位 2 个；福州港马尾港务公司已建 1 万吨级件杂、1 万吨级客货、2 万吨级多用途、8000 吨级滚装泊位各 1 个；福建省砂石出口有限公司 1 万吨级件杂货泊位 1 个，现已全部开发利用。

（4）松门岸段：红山油库—山水建材码头，已建通宇建材 5000 吨级通用散货泊位 1 个，福州华润水泥有限公司万吨级散杂泊位 1 个，山水建材 3000 吨级通用散货泊位 1 个，福建省砂石出口有限公司 2 万和 1.5 万吨级煤炭泊位各 1 个，福建兴闽石油化工有限公司 1 万吨级成品油泊位 1 个、中石化红山油库 5000 吨级和 500 吨级成品油泊位各 1 个，现已全部开发利用。

（5）长安岸段：福州救助站码头—闽东电机厂，已建 5000 吨级油品泊位 2 个、1000 吨级油品泊位 1 个，以及部分救助、客运泊位，现已开发利用 1.2 km。

（6）小长门岸段：门边新村—虎头山和北龟岛—华秋山码头岸线长约 2.1 km，已建 3000 吨级泊位 4 个、1000 吨级泊位 1 个，以及部队泊位，现已全部开发利用。

（7）筹东岸段：营前航运 1#泊位—福建省砂石出口有限公司，已建 300～35 000 吨级泊位 27 个，其中万吨级深水泊位 6 个，现已全部开发利用。

（8）洋屿岸段：洋屿 3#泊位—长乐机场油码头，已建 2 万吨级散装水泥泊位 1 个、2 万吨级多用途泊位 2 个，在建 2 万吨级多用途泊位 2 个，基本已开发完毕。

（9）象屿岸段：坑口—过屿，已建 5000 吨级泊位 1 个、3000 吨级油品泊位 1 个，已基本开发完毕。

（10）琅岐岸段：登龙台—瓜浦边岸线长约 1.0 km，主要服务旅游客运，在建琅岐对台客滚码头 1～3#泊位，已使用岸线约 0.5 km。

（11）粗芦岛岸段：蓬岐村—深坞，主要服务水运工业，已建马尾船厂舾装码头 2 个及材料运输码头 1 个，使用岸线约 1.2 km。

6. 福清湾

（1）松下岸段：梁厝码头—山前，现松下村西侧已建 3 万吨级元洪泊位和 5 万吨级元载泊位各 1 个，山前岸段在建 2 万吨级和 5 万吨级散货泊位各 1 个，现已开发利用 2.5 km。

（2）牛头湾岸段：破寨—牛头湾，现已建 7 万吨级散粮泊位 2 个、3 万吨级多用途泊位 1 个，现已利用岸线 1.4 km。

7. 兴化湾

（1）下垄岸段：岸线长约 0.3 km，现已建千吨级货运码头 1 个，岸线已全部开发利用。

（2）壁头岸段：南营—球尾岸线长约 13.2 km，主要服务综合运输，已建 5 万吨级及以上集装箱泊位 5 个、5 万吨级液体化工泊位 3 个，3000 吨级液体化工泊位 7 个，国电福州发电有限公司建有 10 万吨级煤炭泊位 1 个、1.5 万吨级滚装泊位 1 个，在建 5 万吨级集装箱泊位 4 个，岸线已开发利用 3.2 km。

（3）万安岸段：莲峰西侧岸线长约 0.9 km，主要服务 LNG 接收站。

8. 海坛岛

（1）金井岸段：黄门—林厝，主要服务地方经济和旅游客运，已建吉钓 500 吨级陆岛交通泊位，5000 吨级散杂货泊位 1 个，2 万吨级和 5 万吨级多用途泊位各 1 个，在建金井 2 个 5 万吨级通用泊位，现已开发利用 2.0 km。

（2）澳前岸段：玉楼—澳前村，主要服务对台客运滚装，现已建澳前 1 万吨级高速客滚码头和待泊码头各 1 个，岸线已开发利用 0.4 km。

## 7.2.3　福州市海岸线空间管控对策

1. 海岸线资源保护和利用关键问题

（1）部分港区规划的作业区、码头、航道等与生态保护红线区存在冲突。例如，可门口南锚地、可门口北锚地、东冲口锚地位于官井洋大黄鱼海洋保护区生态保护红线区内；江阴港区下垄作业点部分位于兴化湾江镜重要滨海湿地生态红线区内；闽江口内港区临近闽江河口重要湿地生态保护红线区，亭江侯泊锚地东侧位于该生态红线区内；闽江口内港区松门作业区和象屿作业区临近闽江口重要河口生态保护红线区，松门作业区 1～2#泊位、象屿作业区发达燃料和中海石化码头部分位于该红线区内。

（2）罗源湾港区临近罗源湾重要滨海湿地生态红线区。

（3）闽江口内港区油品码头布局较为分散，后方陆域未来空间发展较小，且大部分为企业专用码头，利用率不高。

（4）可门港古鼎屿至沙帽顶岸段，后方陆域发展空间有限。

（5）万安作业区、牛头湾作业区受外海风浪的影响较大。

（6）港口功能相对单一，除了具备基本的装卸、仓储、航运和简单的物流服务外，修造船、石化、冶金等大型临港工业尚不发达，商贸、加工增值服务尚处于起步发展阶段。功能雷同、分散布局降低了港口的综合效益。

（7）江阴港区和罗源湾港区的化学品、煤炭、矿石等运输功能增加区域环境污染风险。

（8）兴化湾西港入海口滨岸围堤养殖密集，给行洪安全带来隐患。

2. 管控要求

1）优先保护岸线

（1）位于生态保护红线区内的港区规划岸线限期调出；对已建的严重影响生态红线区域主导生态功能的港区设施限期拆除或搬迁。

（2）保护和恢复官井洋大黄鱼等海洋生物资源，禁止干扰大黄鱼育苗场、索饵场、洄游通道的开发活动。

（3）推进兴化湾江镜、闽江河口湿地公园、罗源湾等重要滨海湿地的生态保护和修复；禁止破坏湿地生态系统功能和生态保护对象的开发活动；对受损湿地运用生态廊道、退养还湿、植被恢复、海岸生态防护等手段予以恢复。

（4）禁止在兴化湾水鸟自然保护区内进行高噪声等惊扰鸟类的作业，禁止大面积使用栖息水鸟害怕的颜色。

（5）维持闽江重要河口岸线的自然属性，确保河口基本形态稳定和河口行洪安全。

2）重点管控岸线

（1）加强环境影响减缓措施和环境风险防护措施，确保罗源湾港区（碧里作业区、牛坑湾作业区、淡头作业区）的生产设施与水禽筑巢区、觅食及栖息地等集中分布区保留安全距离，港区作业不得影响罗源湾重要滨海湿地功能；禁止排放有害有毒的污水、油类、油性混合物、热污染物及其他污染物和废弃物，禁止倾废。

（2）逐步搬迁调整或取消松门、长安、小长门等闽江口内港作业区的油品、液体化工品码头功能，严格控制新建企业专用码头，推行码头公用化。

（3）逐步调整可门港的开发模式和强度，以煤炭、矿石等散货运输为主。

（4）万安作业区和牛头湾作业区下阶段应重点考虑港内泊稳条件和通航条件，

适度修建防波堤。

（5）实施港口建设分类引导和约束，严控港口重复建设。闽江口内港区重点准入对台"三通"客运项目，兼顾能源、集装箱等货运项目；江阴港区重点准入集装箱运输项目，兼顾散杂货、化工品和商品汽车运输项目；松下港区重点准入粮食、散杂货运输项目；罗源湾港区重点准入煤炭、矿石运输项目。

（6）融侨码头近期维持现状，适时搬迁调整。

（7）保护长安港区、壁头作业区、淡头作业区、山前作业区、牛头湾作业区前沿的水深地形条件，保护闽江口水道水动力环境。

（8）江阴港区作业不得影响蛏苗繁育生态环境以及滨海湿地和鸟类栖息觅食环境。

（9）加强江阴港区和罗源湾港区的陆源和海域污染控制。严格控制港口航运、临港工业等造成的海洋污染；实施溢油应急等风险防范计划，并与周边港区建立溢油事故、化学品泄漏风险防范联动机制。

3）一般管控岸线

引导和提倡滨岸开放式养殖，清退影响泄洪安全的围堤养殖，并对防洪防潮堤岸进行加固。

# 7.3　厦门市海岸线资源利用情况

## 7.3.1　厦门港口发展的基本情况

厦门港北起厦门东海域东岸刘五店，南至诏安县宫口半岛南端，东邻大、小金门岛，西至九龙江西溪水闸。湾内形成"环两湾辖九区"的总体发展空间格局，即以环厦门湾（原厦门港域）的东渡、海沧、翔安、招银、后石、石码港和环东山湾（原漳州港域）的古雷、东山和诏安共 9 个港区组成。

1. 厦门港的优势

1）是福建省、厦门市、漳州市全面建成小康社会、率先基本实现现代化的重要依托

福建省是我国实现"两个率先"的重要区域，国民经济的快速发展，将带动港口的货运量持续高速增长，加快港口建设将成为福建省、厦门市经济社会发展的重要支撑。厦门港作为福建沿海的龙头港，应是福建省、厦门市实现"两个率先"的重要依托。

2）是建设海峡西岸经济区的重要依托

建设对外开放、协调发展、全面繁荣的海峡西岸经济区，是立足祖国统一大

局的战略选择，是促进我国区域协调发展的重要举措，是全面提升福建及周边区域发展水平的重大战略部署。随着这一战略的实施，海峡西岸经济区将积极参与国际分工，加快发展临港工业，提高外向型经济发展水平。外向型经济的发展、沿海产业的集聚将主要依赖沿海港口，处于区域经济中心的厦门港将成为参与世界经济合作的主要出海口岸和发展开放经济的重要资源。

3）是厦门、漳州两市经济社会发展的重要资源

改革开放以来，福建省对外贸易迅速发展，全省尤其是厦漳泉地区的经济呈现以外向型为主的基本特征，但福建省山多地少，矿产资源匮乏，因此，港口在原材料和外贸物资运输中占有主导地位，为地区生产力布局和临港工业发展发挥着重要作用。港口的发展是该地区充分利用国际、国内两个市场、两种资源，加快产业集聚、培育产业集群，打造海峡西岸制造业基地的重要支撑，是厦门市建设"两个基地、四个中心"，以及重点开发九龙江口滨海工业带、加快发展第二产业的重要支撑。

4）是我国综合运输体系的重要枢纽和集装箱运输的干线港

厦门、漳州两市汇集了多种运输大通道，港口是衔接各种运输方式的枢纽和我国东南沿海地区的主要出海口。随着福建省经济和对外贸易的发展及综合运输体系进一步改善，厦门港的综合运输重要枢纽的地位将更加突出。厦门港已经具备一定规模的集装箱远、近洋航线，成为我国沿海集装箱运输干线港。随着经济全球化进程加快、信息技术发展和区域内路网的完善，厦门港将发展成为海峡西岸的物流中心。

5）是推动两岸"三通"和促进对台经贸合作交流的主要口岸

海峡西岸与我国台湾隔海相望，具有我国大陆其他地区无可比拟的对台优势，闽南与台湾有着密不可分的历史渊源和联系，是祖国大陆与台湾最重要的联系纽带。海峡两岸经济发展梯度明显，但两地经济间存在较强的关联性与互补性，未来加强闽台合作仍将是加快海峡西岸经济发展的重点。加快构筑祖国大陆与台湾岛的海上运输通道，改善两岸交通联系，是加强两岸经济联系、推动两岸"三通"的重要前提条件，关系到我国的国家安全和国家利益。厦门港凭借区位优势和优良的港口条件，在促进两岸经贸合作和推进两岸和平统一中发挥重要作用。

6）是厦门东南国际航运中心的主要载体和核心组成部分

国际航运中心是集发达的航运市场、丰沛的物流、众多的航线于一体，集聚各种航运要素的经济区域或国际化港口城市。厦门东南国际航运中心是以厦门港为基础、福建沿海港口群为支撑，厦漳泉城市群为载体，服务海峡西岸经济区发展和两岸交流合作，具有区域航运资源配置能力的国际航运中心。它是区域性国际集装箱枢纽港、物流中心和综合运输枢纽，是国际经济、贸易、航运、信息的聚集区，是两岸航运合作交流先行区、自由贸易港的试验区，将成为引领海峡西

岸经济区快速增长的引擎、对外开放的门户。航运中心中航运市场、物流、航线的形成与发展离不开港口,均以港口为载体,港口还是各种航运要素集聚的源泉;但航运中心是指港口城市,港口又是港口城市的核心组成部分,因此,厦门港是厦门东南国际航运中心的主要载体和核心组成部分。

2. 厦门港的功能

厦门港是国家综合运输体系的重要枢纽、沿海主要港口、集装箱干线港和邮轮始发港,是厦门东南国际航运中心的主要载体和海峡两岸交流的重要口岸,是厦门市、漳州市产业布局和经济发展的重要依托,是福建省及周边省市扩大对外开放的重要出海口。厦门港应大力推进港口资源整合与结构调整,促进临港产业发展,积极拓展现代航运服务业,发展邮轮和旅游客运,逐步发展成为布局合理、功能完善、设施先进、安全绿色的现代化港口。根据厦门港的战略定位和性质,厦门港逐步具备具体功能如下。

（1）装卸储存、中转换装功能;
（2）运输组织管理功能;
（3）现代物流功能;
（4）临港工业开发功能;
（5）通信信息功能;
（6）保税、仓储、商贸功能;
（7）服务旅游客运、后勤保障、国防等功能。

3. 厦门港岸线资源综合评价

厦门港岸线范围为厦门市和漳州市辖区内的大陆海岸线,合计 909 km,其中厦门市域大陆海岸线 194 km,漳州市域大陆海岸线 715 km。厦门、漳州海岸线曲折多湾,港区主要分布在沿岸的厦门湾、旧镇湾、东山湾及诏安湾内。各湾封闭性较好,湾口大多朝东南向,曲折多汊,湾内水域宽阔,风浪掩护、潮汐通道稳定、水深条件良好。

## 7.3.2 厦门港区海岸线资源利用现状

1. 翔安港区

翔安隧道—澳头岸段:位于东海域东岸,已建刘五店码头、客滚码头和 2 个散货码头,在建港区一期工程 6~8# 泊位。

2. 东渡港区

（1）五通岸段：位于东海域厦门本岛东侧，是厦门市路网已建翔安隧道位置，是厦门本岛东部的对外口岸。五通西侧已建客运、滚装泊位占用 0.7 km 岸线。

（2）和平码头东侧—高崎岸段：位于西海域厦门本岛西侧，主要被客运码头、商贸码头、货主码头、海军码头、避风坞，以及渔业码头、港口支持系统和城市生活旅游占用。同益码头以南为城市服务的小码头、公务码头、和平客运码头，以北是东渡港区、鹭甬石油码头、高崎小轮码头等。岸线资源几乎用尽。

3. 海沧港区

南炮台—田垱岸段：位于西海域九龙江河口湾南岸，已建招银港区 3～5#泊位、客渡泊位及港机厂码头。

4. 石码港区

田垱—豆巷村岸段：西海域九龙江南岸，建黄河油、亿源化工、普贤等码头。

5. 后石港区

（1）塔角—燕尾头岸段：已建渔港、后石电厂及配套码头。

（2）镇海角—乌鼻头角岸段：位于兴古湾，根据中交第三航务工程勘察设计院有限公司编制的《厦门港后石港区隆教作业区岸线利用规划方案》研究成果，此段岸线在建的为 LNG 码头泊位。

6. 六鳌作业区

龙美—虎头山岸段：位于六鳌半岛西侧，已建 3000 吨级杂货泊位 1 个。

7. 古雷作业区

古雷头—杜浔盐场岸段：位于古雷半岛西侧，已建 15 万吨级液体化工泊位 1 个、5 万吨级原油泊位 1 个、3 万吨级和 1 万吨级液体化工泊位各 1 个，力通码头和明达建材码头，在建 9#通用散杂泊位。

8. 城垵作业区

其尾—海事码头岸段：位于东山湾南侧，已建有城垵作业区 2#、5#、6#泊位。

9. 冬古作业区

冬古村岸段：位于苏尖湾，已建 3000 吨级硅砂码头泊位 1 个。

### 7.3.3　厦门市海岸线空间管控对策

1. 海岸线资源保护和利用关键问题

（1）部分港区临近生态红线保护区。例如，东渡港区港池临近西海域海洋保护区生态红线保护区；翔安作业区临近同安湾西侧自然岸线及沙源保护海域生态保护红线区。

（2）厦门本岛岸线资源几乎用尽。西海域海洋保护区和厦门东部海洋保护区滨岸部分岸段城镇开发密集。

（3）东渡港区港城关系矛盾日益突出，部分功能与城市功能不协调，部分码头设施老旧，与城市景观不协调。

（4）部分岸线旅游休闲娱乐功能的开发和自然属性的维持存在一定冲突。

2. 管控要求

1）优先保护岸线

（1）禁止对西海域海洋保护区内国家一级重点保护濒危野生动物中华白海豚的物种和生境产生干扰。

（2）最大限度维持同安湾西侧自然岸线的属性和形态，禁止损害沙滩、红树林、海滨浴场与海岸景观的开发活动，已造成损害的，应当限期治理和修复。

（3）保护厦门东部海洋保护区滨岸自然砂质岸线、礁石、滨海旅游景观，禁止开展污染海洋环境、破坏岸滩整洁、排放海洋垃圾、引发岸滩蚀退等损害公众健康、妨碍公众亲水活动的开发活动，加强滨岸景观带、防护林建设。

2）重点管控岸线

（1）东渡港区的开发活动不得影响国家一级重点保护濒危野生动物中华白海豚的物种及其生境；翔安作业区的开发活动不能影响同安湾西侧的岸滩稳定和滨岸自然景观。

（2）厦门本岛除部分科技和港口工业外，原则上不再准入新的工业，引导深水浅用、大量占用岸线而码头需求较低的贴岸企业向远离岸线空间的工业园区转移，释放优良岸线资源。

（3）归并、整合功能重复、地理邻近的嵩屿港区、东渡港区与海沧港区。

（4）滨岸城镇在最低程度影响岸线自然形态和河海水生态（环境）功能的前提下，建设生态化滨江公园和防护林，提高岸线休闲游憩和亲水功能。加快滨岸城镇污水管网和排污沟截流设施建设，实施雨污分流工程改造；加强城镇污水集中处理设施建设，强化生活污水控制，严格入海/江排污口管理。

（5）引导东渡港区功能与城市功能融合，逐步将钢铁、化肥、石材泊位搬迁至其他码头，煤炭、铁矿石运输功能搬迁至后石等其他港区，整合集装箱泊位。对不符合港区需求的同益、海达码头，引导其拆除、转型或者按照标准异地重建。

3）一般管控岸线

严格控制滨岸改变自然岸线属性和形态的景区建设工程，同时加强滨岸人工沙滩和人工种植红树林建设，保护海岸线景观。

# 第8章 浙江沿海土地利用与生态环境保护

## 8.1 土地开发强度评价

城市土地资源作为人类经济活动重要的空间载体，是实现城市可持续发展的基本保障。在人地矛盾突出的国情下，土地的合理开发与空间布局是支撑社会良性发展的必然选择，也是未来中国城市土地利用的重要方向（Byomkesh et al., 2012; 刘浩等, 2011）。改革开放以来，伴随城镇化和工业化进程的深入发展，城市土地的大规模扩张不仅提升了土地城镇化的速度，也带来了土地的低效利用、开发边界的无序蔓延、城市空间结构紊乱等问题，有必要合理控制土地开发强度，实现城市土地资源的可持续利用（王宏亮, 2017; 杨清可等, 2017）。作为城市现代化水平在空间上映射的土地开发强度，反映着区域土地利用累积程度和承载密度（周炳中等, 2000），时空格局演变具有层次性和尺度性，是城市内部自然基础条件、社会经济发展、法律规章制度等因素彼此制约、共同作用的结果（赵亚莉等, 2012）。城市土地开发强度研究主要涉及开发条件与效率、生态安全反馈与资源环境治理等内容（尧德明等, 2008），决定着城市发展战略方向与土地空间开发模式（周敏等, 2018）。因此，对城市土地开发强度的时空格局演变、影响机理及其地域分异规律开展深入研究，已经成为政府与学术界关注的焦点问题。

### 8.1.1 测度模型与方法

#### 1. 土地开发强度测度方法

土地开发强度是土地利用现状的反映、未来可持续利用的出发点，是表征区域范围内城市土地开发广度与承载人口集聚能力、社会经济发展水平的指标，是土地生产规模、水平和特点的集中反映。城市土地是承载人类多种活动的空间载体，支撑和约束城市建设和产业发展，决定区域资源潜力和环境容量，为城市经济增长提供基础条件。本书参考已有研究成果（陈逸, 2012; 刘艳军等, 2018; 杨清可等, 2017），深化对城市土地开发强度概念的理解，从土地开发规模（数量）、用地层次（结构）与开发效率（效益）等方面综合评价浙江沿海城市土地扩张的合理性，测算模型为

$$CLD = \frac{1}{2}\left(\frac{LB + PE + EC}{3} + \sqrt[3]{LB \times PE \times EC}\right) \tag{8.1}$$

式中，CLD 为城市土地开发强度；LB 为土地开发广度，指建成区面积占城市总面积的比重；PE 为人口承载密度，指单位城市土地承载的人口数量；EC 为经济开发力度，指单位城市土地面积的第二、三产业增加值。对原始数据进行极差标准化处理，采用算术平均法和几何平均法相结合的方式计算城市土地开发强度。

2. 空间异质性分析测度方法

1）空间相关分析

影响城市土地开发强度的各因素在空间上并非完全独立，具有一定程度的异质性，因此运用探索性空间数据分析方法（exploratory spatial data analysis, ESDA），建立空间权重矩阵评价各单元与周边邻域之间的关系；借助空间滞后向量确定每个单元的邻域状态，探讨浙江沿海城市土地开发强度的空间相关性。其中，全局空间相关是对属性值在整个研究区空间特征的概括，也能判断某一要素或现象在空间上是否存在分散或集聚特征，用 Global Moran's I 表示（张琳琳，2018），测算公式为

$$I = \frac{\sum_{i=1}^{n}\sum_{j=1}^{n} W_{ij}\left(X_i - \overline{X}\right)\left(X_j - \overline{X}\right)}{S^2 \sum_{i=1}^{n}\sum_{j=1}^{n} W_{ij}} \qquad (8.2)$$

式中，$S^2 = \frac{1}{n}\sum\left(X_i - \overline{X}\right)^2$；$\overline{X} = \frac{1}{n}\sum_{i=1}^{n} X_i$。当 $I<0$ 时，表示空间负相关；当 $I>0$ 时，为空间正相关；当 $I=0$ 时，代表空间不相关，数值越大表示集聚程度越强。

局部空间相关，用 Local Moran's I 表示。结合 Moran 散点分布或 LISA（local indicators of spatial association）集聚图等方式，度量空间评价单元 $i$ 与周边地区之间的差异程度，可视化局部空间格局的差异与关联规律，这也被称为空间联系局域指标（杨清可等，2017）。对于评价单元 $i$，有

$$I_i = \frac{n\left(X_i - \overline{X}\right)\sum_{j=1}^{n} W_{ij}\left(X_j - \overline{X}\right)}{\sum_{i=1}^{n}\left(X_i - \overline{X}\right)} \qquad (8.3)$$

式中，$I_i$ 为局部空间相关指数；$n$ 为空间评价单元总数；$X_i$、$X_j$ 分别为某属性特征在空间单元 $i$ 和 $j$ 上的表征值；$\overline{X}$ 为表征均值；$W_{ij}$ 为评价单元 $i$ 和 $j$ 之间的空间权重矩阵。

2）空间变差分析

空间变差函数是描述区域化变量结构性和随机性的常规方法，能有效表征评

价单元空间结构特点和变异分布规律（Getis and Ord, 1992; 周扬等, 2014）。其测度模型为

$$\gamma(h) = \frac{\sum_{i=1}^{N(h)} [Z(x_i) - Z(x_i + h)]^2}{2N(h)} \tag{8.4}$$

式中，$\gamma(h)$ 为变差函数结果；$Z(x_i)$ 和 $Z(x_i + h)$ 分别是 $Z(x)$ 在空间单元 $x_i$ 和 $x_i + h$ 上的城市土地开发强度；$N(h)$ 为分割距离 $h$ 的样本数。分维数能定量表示事物属性特征的"非规则"程度，由 $\gamma(h)$ 和 $h$ 共同确定（Cambardella et al., 1994; 刘艳军等, 2018）：

$$2\gamma(h) = h^{(4-2D)} \tag{8.5}$$

式中，$D$ 为分维数，是变差函数的曲率，表示双对数直线方程中的斜率。$D$ 值越大，由空间相关部分导致的异质性就越高；越接近 2，则空间分布越均衡（周扬等, 2014）。

### 8.1.2　土地开发强度的时空分异格局

#### 1. 开发强度的时空格局演变

浙江沿海城市土地开发强度指数在 2000～2015 年间呈现不断增长的趋势，年均增速为 4.20%，明显高于全国的 1.28%。从空间布局（图 8.1）上看，46 个评价单元的城市土地开发强度空间分异较大，"核心-外围"布局特征显著，城市土地开发强度高值区沿"沪杭—杭甬"交通干线的结构布局特征基本上与社会经济发展水平相一致，而邻近县市的开发强度较低。副省级城市市区的开发强度高于一般地级市区、普通县（市、区），且以杭州市区、宁波市区等最为明显，行政级别高，发展基础好，吸引资金、技术、高端人才等生产要素的成本低，使得土地开发强度与利用集约度保持在较高水平；与此对应，土地开发强度较低的单元主要位于浙西北的淳安、建德、诸暨与浙中的临海、仙居、三门等地，受限于山地、丘陵的基础地理条件，多被划定为生态涵养区，产业发展受到土地供给的制约突出，城市土地开发强度较低，基本上与浙江沿海地区社会经济水平、城市行政等级和开发投资强度等要素相吻合。

#### 2. 开发强度的空间相关分析

基于 OpenGeoDa 软件测算浙江沿海地区各评价单元土地开发强度全局 Moran's I 值和相关指标（表 8.1）。全局 Moran's I 均为正值，通过显著性结果检

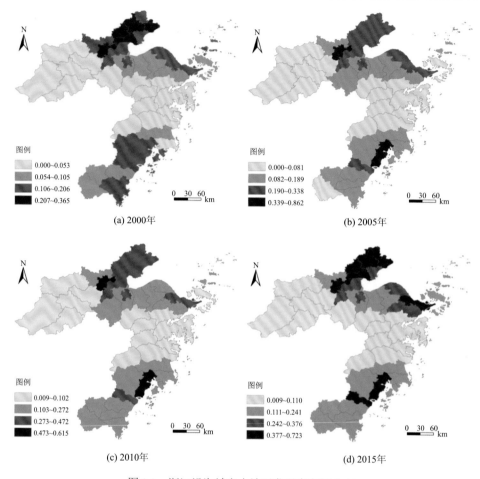

图 8.1　浙江沿海城市土地开发强度空间分布

表 8.1　浙江沿海城市土地开发强度的全局空间相关

| 指标 | 2000 年 | 2005 年 | 2010 年 | 2015 年 |
|---|---|---|---|---|
| Moran's I | 0.439 | 0.340 | 0.397 | 0.394 |
| $Z$（I） | 36.549 | 31.926 | 34.525 | 34.082 |
| $E$（I） | 0.003 | 0.002 | 0.002 | 0.002 |

验（$Z$ 值都大于 1.96 的临界值），浙江沿海城市土地开发强度呈正向空间相关。由 Moran's I 值的变化趋势可知，2000 年浙江沿海城镇建设用地扩张主要沿海岸、干线交通路网和核心城市（杭州、宁波等）展开，土地开发强度水平在空间上集聚程度较高。随着 2001 年底中国加入世界贸易组织（WTO），作为中国改革

开放前沿的浙江沿海地区，在核心城市发展层次与速度持续加快的同时，经济溢出与外资注入使得周边区县的外向型产业发展极具特色，空间布局有所均衡，2010~2015 年 Moran's I 值有所下降，但是城市土地开发强度水平的聚集程度依然较高，空间依赖性较强。

浙江沿海城市土地开发强度的 LISA 值分布（图 8.2）表明，城市土地开发与利用格局动态变化态势明显。2000 年高–高值区主要分布在杭州市区、嘉兴市区，以及桐乡、海宁、平湖等地，高–低值区与低–高值区呈圈层结构依次向周边布局；2005 年后由于城镇化与工业化进程的推进，城市土地开发由核心城市（杭州市区、宁波市区、台州市区等）不断向外围扩展，土地开发集中连片，高–高值区的集聚

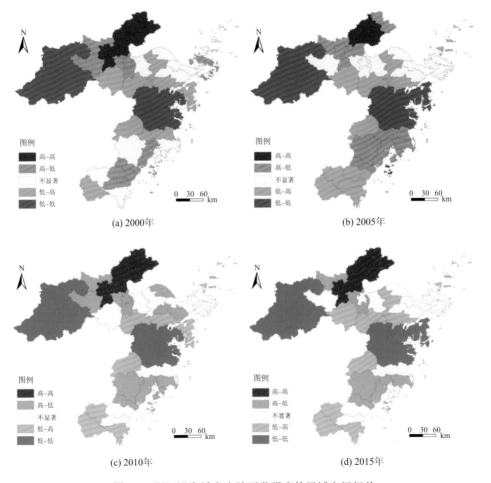

(a) 2000年　　　　　(b) 2005年

(c) 2010年　　　　　(d) 2015年

图 8.2　浙江沿海城市土地开发强度的局域空间相关

范围在工业发达的杭州、绍兴与宁波的部分地区等，其土地开发强度较大。浙西与浙中等地主要为低–低值区，与本书中城市土地开发强度的时空格局分析相对应，土地开发一直处于较低水平，LISA 值较低，未来经济发展应突破现有思路，利用本地特有的绿水青山，发展绿色环保型经济，实现城市间发展优势的协调互补，是破解地貌地形等地理条件约束的有效途径。

3. 开发强度的空间变差分析

浙江沿海城市土地开发强度空间变差函数的拟合参数变化见表 8.2。2010 年、2015 年块金系数为中等偏大值，2000 年、2005 年块金系数偏小，则表明 2000 年、2005 年的土地开发强度具有较强的空间相关性，相关度高于 2010 年、2015 年；决定系数较大，表明各评价单元的城市土地开发强度表现出高低不等的联动效应，与空间相关分析中 Moran's I 指数较高所反映出的结果很好地吻合。各个年份变差函数的步长保持不变，但变程一直处于变动状态，说明浙江沿海城市土地开发强度影响范围持续变化。运用最小二乘法选择最优的空间变差拟合模型，其中 2000 年与 2005 年分别为球形模型和指数模型，2010 年和 2015 年均为高斯模型，较高的决定系数表示模型拟合结果理想，很好地解释了 2010 年、2015 年具有相同的空间结构特征，明显异于 2000 年、2005 年。

表 8.2　浙江沿海城市土地开发强度变差函数拟合

| 年份 | 拟合模型 | 块金值<br>（$C_0$） | 基台值<br>（$C_0+C$） | 变程<br>（$a$） | 块金系数<br>[$C_0/（C_0+C$）] | 决定系数<br>（$R^2$） | 残差<br>（RSS） |
|------|----------|------|--------|------|------------|--------|--------|
| 2000 | 球形模型 | 0.298 | 1.262 | 2.580 | 0.236 | 0.813 | 0.180 |
| 2005 | 指数模型 | 0.411 | 2.381 | 3.450 | 0.173 | 0.735 | 1.050 |
| 2010 | 高斯模型 | 1.336 | 3.089 | 2.710 | 0.433 | 0.882 | 0.654 |
| 2015 | 高斯模型 | 1.837 | 3.675 | 3.030 | 0.500 | 0.834 | 1.010 |

注：$C_0$ 为块金方差，数值越大，变幅越大；$C$ 为结构方差；$C_0+C$ 为基台值，反映随变差函数间距增加至相应程度后变量出现的稳定值；$C_0/(C_0+C)$ 为块金系数，数值越大，关联程度越低。

从变差函数的分维数（表 8.3）看，在全方位上，浙江沿海城市土地开发强度变差分维数变化不大，但是由结构性与随机性因素产生的空间异质性持续变动。2000～2015 年，分维数处于连续变化中，但变幅不大，至 2015 年达到 1.881，随机性因素产生的异质性较高且保持稳定。各方向上具体的分维数中，2000 年东—西（90°）向的维数值最小，且拟合程度较好，开发强度指数异质性集中于此方向上；东南—西北（135°）向的分维数最大，但是拟合程度偏低，表明土地开发强度在此方向上的空间差异较小。从克里金（Kriging）插值三维拟合图（图 8.3）

可知，2000 年、2005 年的峰值较多，杭州市区、宁波市区、嘉兴市区等波峰鼎足而立，空间差异显著；在 2010 年、2015 年，峰值数量有所减少，集中分布在浙江沿海地区的中部和东部，空间分异特征有所弱化；相对应地，2000～2015 年西南方向一直为波谷地区，多呈平缓结构分布。

表 8.3　浙江沿海城市土地开发强度变差分维数

| 年份 | 全方位 | | 南—北（0°） | | 东北—西南（45°） | | 东—西（90°） | | 东南—西北（135°） | |
| --- | --- | --- | --- | --- | --- | --- | --- | --- | --- | --- |
| | $D$ | $R^2$ | $D$ | $R^2$ | $D$ | $R^2$ | $D$ | $R^2$ | $D$ | $R^2$ |
| 2000 | 1.836 | 0.839 | 1.870 | 0.358 | 1.788 | 0.396 | 1.652 | 0.244 | 1.899 | 0.003 |
| 2005 | 1.864 | 0.611 | 1.924 | 0.203 | 1.825 | 0.186 | 1.774 | 0.127 | 1.974 | 0.011 |
| 2010 | 1.849 | 0.852 | 1.856 | 0.502 | 1.822 | 0.437 | 1.898 | 0.025 | 1.965 | 0.026 |
| 2015 | 1.881 | 0.746 | 1.854 | 0.519 | 1.861 | 0.328 | 1.872 | 0.049 | 1.984 | 0.005 |

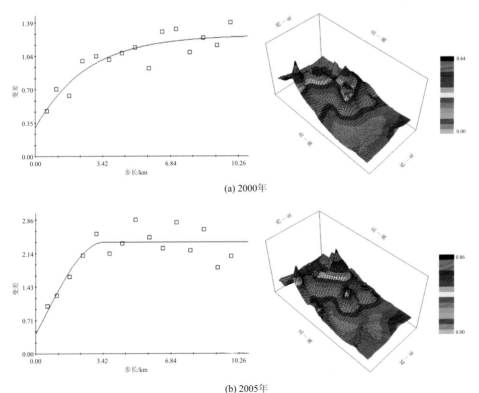

(a) 2000年

(b) 2005年

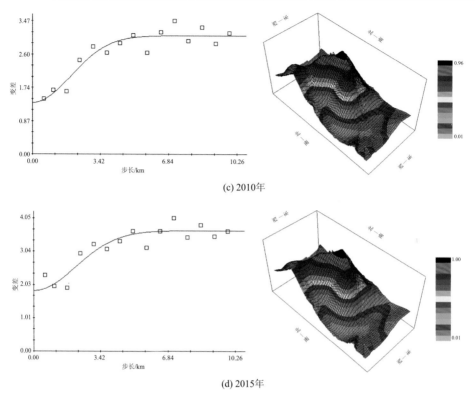

(c) 2010年

(d) 2015年

图 8.3  浙江沿海城市土地开发强度变差函数演化

左图为同向方差拟合图，右图为 Kriging 3D 图

## 8.2  土地利用转型分析

土地利用转型研究是土地利用/覆被变化（LUCC）综合研究的新途径（Lambin and Meyfroidt, 2010; 蔡运龙, 2001）。土地利用转型即在经济社会变化和革新的驱动下，一段时期内与经济社会发展阶段转型相对应的土地利用形态（含显性形态和隐性形态）的转变过程，包括区域土地利用功能和结构层面的考究（Nuissl et al., 2009; 龙花楼, 2015）。自从土地利用转型这一研究方向被引入中国（龙花楼和李秀彬, 2002），结合中国社会经济特点的土地利用转型研究成果大量涌现，主要涉及土地利用转型的理论与假说（李秀彬, 2008）、土地利用转型与城乡发展的关系（郭素君和张培刚, 2008; 杨永春和杨晓娟, 2009），以及某种土地利用类型和区域土地利用的转型（李秀彬和赵宇鸾, 2011; 龙花楼和李秀彬, 2005; 宋小青等, 2014），但从土地利用综合转型的视角来研究区域土地利用变化的成果较少。在土地利用功能层面，不同土地类型均存在多种功能，但总有其主导功能。土地利用

转型的表现之一是土地利用主导功能的转型，即土地利用的生产、生态、生活（简称"三生"）三大主导功能间的转化（陈婧和史培军，2005）。在土地利用结构层面，有限的土地资源在各种主导功能之间进行数量和空间再配置。主导功能的转变反映了区域经济社会转型发展的不同阶段，基于"三生"土地利用主导功能分类体系，可以将土地利用转型与区域转型发展相衔接，是一个研究土地利用转型问题的新视角（Tuan，2008）。中共十八大报告中明确指出国土生态–生产–生活空间的发展目标——"生产空间集约高效、生活空间宜居适度、生态空间山清水秀"。这一空间划分方法与国内外认可的可持续发展的生态–生产–生活"三支柱"理念不谋而合。基于"三生"土地利用主导功能分类体系，可将土地利用转型与区域转型发展相衔接，是研究土地利用转型的重要切入点。

### 8.2.1　数据来源与研究方法

#### 1. 数据来源与处理

浙江沿海地区 1995 年、2005 年、2015 年的土地利用数据来源于国家地球系统科学数据共享平台。该数据以 Landsat TM 和 ETM+为主要信息源解译完成，分辨率为 100 m，综合精度达 95%以上（刘纪远等，2009）。其土地利用分类系统为 2 级：6 个一级土地利用类型，分别为耕地、林地、草地、水域、建设用地（居民点和工矿用地）及未利用地等；25 个二级土地利用类型。

本书采用的土地利用基础数据从土地利用覆被角度出发，基于自然属性视角进行分类。随着社会各界对生态环境的关注，不少学者从生态角度提出了强调生态用地的分类方案（陈婧和史培军，2005；岳健和张雪梅，2003），还有基于产业结构从经济发展的视角提出的土地利用分类方案（刘平辉和郝晋珉，2003）。上述土地利用分类方案虽取得了不同程度的进展，但仍存在土地利用过程中人文与自然因子难以在同一分析框架中综合考量的难题。因此，本书借鉴这些思想与分类方案，采用基于生产、生态与生活用地三分法以涵盖不同用地类型，以经济生产、生态环境与宜居生活来反映区域经济社会发展追求的多个维度（易湘生等，2008）。但是，由于同一用地类型可能兼顾多种功能，从利用功能视角开展土地分类具有一定难度。针对这一问题，本书提出基于行为主体的主观用地意图作为某一类土地的土地利用主导功能类型。如耕地既能生产粮食，又兼具生态功能，甚至还有娱乐教育的生活功能，但一般而言我们利用耕地的主要意图在于生产粮食，因此将之归为生产用地。基于"三生"与土地利用主导功能的视角，通过归并基础数据中各用地类型，建立"三生"土地利用主导功能分类方案。同时，借鉴已有研究成果制定的不同二级地类的生态环境质量值（李晓文等，2003；崔佳和臧淑英，2013），利用面积加权法对"三生"用地分类的生态环境质量进行赋值（表 8.4）。

表 8.4　土地利用主导功能分类及其生态环境质量指数

| "三生"土地利用主导功能分类 | | 土地利用分类系统的二级分类 | 生态环境质量指数 |
|---|---|---|---|
| 一级地类 | 二级地类 | | |
| 生产用地 | 农业生产用地 | 水田、旱地 | 0.293 |
| | 工矿生产用地 | 工交建设用地 | 0.010 |
| 生态用地 | 林地生态用地 | 有林地、灌木林地、疏林地、其他林地 | 0.883 |
| | 牧草生态用地 | 高覆盖度草地、中覆盖度草地、低覆盖度草地 | 0.798 |
| | 水域生态用地 | 河渠、湖泊、水库和坑塘、冰川和永久积雪地、海涂、滩地 | 0.521 |
| | 其他生态用地 | 沙地、戈壁、盐碱地、沼泽地、裸土地、裸岩石砾地 | 0.025 |
| 生活用地 | 城镇生活用地 | 城镇用地 | 0.010 |
| | 农村生活用地 | 农村居民点用地 | 0.010 |

### 2. 土地利用类型转移矩阵

土地利用功能结构转型通过土地利用转移矩阵模型实现。转移矩阵并非一种指数，只是将土地利用变化转移面积按矩阵的形式加以列出，可作为结构分析与变化方向分析的基础，能够全面又具体地刻画区域土地利用变化的结构特征与各用地功能类型变化的方向。该方法来源于系统分析中对系统状态与状态转移的定量描述（朱会义和李秀彬，2003）。转移矩阵的数学形式为

$$S_{ij} = \begin{pmatrix} S_{11} & S_{12} & \cdots & S_{1n} \\ S_{21} & S_{22} & \cdots & S_{2n} \\ \vdots & \vdots & & \vdots \\ S_{n1} & S_{n2} & \cdots & S_{nn} \end{pmatrix} \qquad (8.6)$$

式中，$S$ 为面积；$n$ 为土地利用的类型数；$i$, $j$ 分别为研究初期与末期的土地利用类型。本书用 ArcGIS 10.2 软件对不同时期土地利用类型数据进行交叉分析（ArcToolbox/Analysis Tools/Overlay/Intersect），进而用 Excel 数据透视表处理，建立各期土地类型转移矩阵。

## 8.2.2　土地利用转型评价

### 1. 土地利用基本情况

浙江沿海土地利用功能结构转型中，生产用地面积从 1995 年的 33 661.6 km²降至 2015 年的 27 922.0 km²；生态用地总量相对稳定，保持在 24 470.4 km² 左右；生活用地面积增加迅速，至 2015 年增加到 8883.5 km²，1995～2015 年年均增长4.11%。按照二级地类来看，农业生产用地和林地生态用地的分布最为广泛，农

业生产用地集中分布在太湖流域南部的平原地区，林地生态用地则主要位于浙江沿海地区所属的浙江北部的丘陵、山地地区。2015 年浙江沿海农业生产用地和林地生态用地面积分别为 26 963.7 km² 和 17 329.2 km²，分别占总面积的 43.7% 和 28.1%。浙江沿海地区河湖水网分布密集，水域生态用地所占比重较高，而牧草生态用地所占比重相对较小。其他生态用地面积为 62.6 km²，集中分布在浙西丘陵地区，坡度较大，较难开发，仅占总面积的 0.1%，表明浙江沿海地区的土地开发利用程度高，后备土地资源不充裕。沪杭与杭甬等经济发展的核心轴线地区，开发历史悠久，城市分布密集，区域内 60% 的工矿企业布局于此，形成城镇生活用地空间分布的集聚带（表 8.5）。

表 8.5　1995～2015 年浙江沿海各地类面积及其变化　　（单位：km²）

| 时期 | 农业生产用地 | 工矿生产用地 | 林地生态用地 | 牧草生态用地 | 水域生态用地 | 其他生态用地 | 城镇生活用地 | 农村生活用地 |
|---|---|---|---|---|---|---|---|---|
| 1995 | 33 453.0 | 208.6 | 17 397.3 | 834.8 | 6218.3 | 29.5 | 1277.9 | 2536.5 |
| 2005 | 31 526.2 | 302.2 | 17 491.2 | 795.2 | 6173.6 | 24.7 | 1986.3 | 3342.2 |
| 2015 | 26 963.7 | 958.3 | 17 329.2 | 686.5 | 6772.1 | 62.6 | 4668.6 | 4214.9 |
| 1995～2005 | −1926.8 | 93.5 | 93.8 | −39.6 | −44.7 | −4.8 | 708.4 | 805.7 |
| 2005～2015 | −4562.5 | 656.2 | −161.9 | −108.7 | 598.5 | 37.9 | 2682.3 | 872.6 |
| 1995～2015 | −6489.3 | 749.7 | −68.1 | −148.3 | 553.8 | 33.1 | 3390.6 | 1678.4 |

1995～2015 年，浙江沿海土地格局发生了显著变化，农业生产用地和牧草生态用地面积大幅减少，城镇和农村生活用地、工矿生产用地面积增长较快。具体地，农业生产用地和牧草生态用地分别减少 6489.3 km² 和 148.3 km²，城镇和农村生活用地、工矿生产用地分别增加 3390.6 km²、1678.4 km² 和 749.7 km²，其中城镇生活用地增幅最大，年均增长 7.74%。这表明随着城镇化水平的快速提升，浙江沿海新增城镇生活用地需求增加，土地供需矛盾进一步加剧。由于受区域自然条件、交通区位、经济政策、发展战略等因素的影响，各地区建设用地变化程度差别明显，经济核心地区和部分沿海地区的建设用地增量规模较大，土地开发强度较高，建设用地快速扩张占用了城镇周边大量的优质农田和生态用地，经济社会发展与生态资源环境之间的矛盾突出。

2. 土地利用转型模式

为了探讨各土地利用类型间的内部转换，利用 ArcGIS 的空间分析功能对不同时期的土地利用图进行叠加分析，获得研究区三个时期土地利用功能类型的转移模式，明确了土地利用功能类型相互转化的方向和数量（表 8.6、表 8.7）。结果

表8.6　1995～2005 年浙江沿海土地利用变化转移矩阵　　（单位：km²）

| 1995 年 | 2005 年 | | | | | | | |
|---|---|---|---|---|---|---|---|---|
| | 农业生产用地 | 工矿生产用地 | 林地生态用地 | 牧草生态用地 | 水域生态用地 | 其他生态用地 | 城镇生活用地 | 农村生活用地 |
| 农业生产用地 | 31 453.8 | 79.3 | 223.2 | 7.3 | 194.3 | 0.6 | 693.5 | 800.9 |
| 工矿生产用地 | 0.6 | 203.6 | 0.3 | 0.0 | 1.9 | 0.0 | 2.1 | 0.1 |
| 林地生态用地 | 16.8 | 13.0 | 17 337.0 | 4.6 | 5.7 | 1.4 | 4.7 | 14.2 |
| 牧草生态用地 | 11.7 | 2.1 | 1.4 | 791.4 | 26.1 | 0.1 | 0.7 | 1.3 |
| 水域生态用地 | 74.6 | 8.2 | 1.8 | 11.2 | 6117.8 | 0.0 | 1.8 | 2.9 |
| 其他生态用地 | 0.2 | 0.0 | 5.5 | 0.4 | 0.7 | 22.7 | 0.0 | 0.0 |
| 城镇生活用地 | 0.1 | 0.0 | 0.0 | 0.0 | 0.0 | 0.0 | 1277.9 | 0.0 |
| 农村生活用地 | 0.7 | 0.0 | 0.1 | 0.0 | 0.1 | 0.0 | 9.2 | 2526.2 |

表8.7　2005～2015 年浙江沿海土地利用变化转移矩阵　　（单位：km²）

| 2005 年 | 2015 年 | | | | | | | |
|---|---|---|---|---|---|---|---|---|
| | 农业生产用地 | 工矿生产用地 | 林地生态用地 | 牧草生态用地 | 水域生态用地 | 其他生态用地 | 城镇生活用地 | 农村生活用地 |
| 农业生产用地 | 26 557.6 | 540.9 | 249.4 | 8.8 | 724.2 | 14.3 | 2124.4 | 1305.4 |
| 工矿生产用地 | 16.8 | 157.8 | 3.2 | 0.1 | 40.1 | 5.1 | 69.7 | 9.4 |
| 林地生态用地 | 125.4 | 116.5 | 17 006.4 | 58.6 | 57.6 | 19.9 | 50.1 | 56.7 |
| 牧草生态用地 | 18.1 | 30.9 | 41.8 | 610.8 | 73.3 | 10.3 | 6.2 | 3.9 |
| 水域生态用地 | 117.3 | 85.9 | 18.6 | 7.9 | 5851.7 | 0.6 | 69.5 | 21.9 |
| 其他生态用地 | 6.9 | 3.4 | 1.3 | 0.0 | 0.2 | 11.2 | 1.1 | 0.4 |
| 城镇生活用地 | 13.5 | 6.7 | 2.5 | 0.1 | 1.9 | 0.1 | 1858.1 | 103.6 |
| 农村生活用地 | 92.5 | 16.2 | 6.1 | 0.2 | 23.0 | 1.2 | 489.4 | 2713.5 |

主要表现为城镇和农村生活用地面积的增加，以及农业生产用地、牧草生态用地面积的减少。具体而言，1995～2005 年，农业生产用地主要转化为城镇和农村生活用地，转移面积分别为 693.5 km² 和 800.9 km²，对应的转移率分别为 2.1% 和 2.4%。林地和水域生态用地主要转化为农业生产用地，转化面积为 16.8 km² 和 74.6 km²；其他土地功能类型间的转化不明显。2005～2015 年，其他各功能类型用地（指农业生产用地、林地、牧草与水域等）向城镇和农村生活用地转化的面积增加，其中农业生产用地转化的面积较 1995～2005 年增长了 2.48 倍，面积达到 4967.4 km²，转化为城镇和农村生活用地的面积分别为 2124.4 km² 和 1305.4 km²，相应的转化率分别为 6.7% 和 4.1%。林地、牧草与水域等生态用地向农业生产用地的转化也在不断增加，分别为 125.4 km²、18.1 km² 和 117.3 km²，虽然不断推进以实现农业

生产用地总量的动态平衡为目的的土地整治活动,但仍然难以弥补其在总量上的减少。

## 8.3　土地利用与生态环境的交互响应机制

作为城市化的重要表征,城镇空间扩展及其伴随的高强度人类活动和不合理的土地利用,对生态安全造成多方面的负面影响,包括生态系统的功能衰退、生物多样性的降低与动植物生存源地的破坏(周炳中等,2000;王宏亮,2017;杨清可等,2017),且是影响城市和区域可持续发展的关键因素(Ferdous and Bhat, 2013;周敏等,2018)。一方面,城市建成区周围多分布为优质耕地、郁闭度较大的林地,生态环境保护作用显著,未来城市用地开发侵占生态用地威胁着生物多样性与环境质量(Di et al., 2015;阿依吐尔逊·沙木西等,2019;陈晓红和周宏浩,2018)。另一方面,生态环境系统为城市经济的稳定运行提供了支撑,生态破坏与环境污染增大了城市发展风险,制约土地利用的强度与速度(方创琳等,2004;刘耀彬等,2005a)。

目前,受限于研究方法及城市生态环境系统的复杂性,相关学者侧重于从单个生态环境要素出发解析城市土地利用的基本情况,仍需深化对生态环境影响的探究。研究多以小城市或生态脆弱地区为主,而从区域尺度上对于发达地区城市土地利用与生态环境效应的交互作用机制缺乏分析。因此,本书以浙江沿海地区作为研究对象,以保护生态环境为出发点,对城市土地利用与生态环境效应的时空演变特征进行定量评价,解析两系统间耦合度演变特征与交互作用的机制,以期为协调人地关系、促进城市土地管理模式向质量–生态管护转变提供科学借鉴。

### 8.3.1　研究方法

#### 1. 构建评价指标体系

城市土地利用系统与生态环境系统各要素之间存在紧密的联系和互动/反馈(Lin and Li, 2016)。随着城市化与工业化进程的不断深化,对城市用地合理开发与空间布局提出了更高要求,产生的压力驱动着土地利用结构、用地规模以及承载人口总量的变化,用地扩张的本质是城市内部的经济社会发展、人口空间集聚和产业转型升级,因而采用城市用地承载的社会经济活动与土地开发的基本情况等两部分要素共同表征城市土地利用系统(Li et al., 2013)。对于生态环境系统,为应对源自土地利用结构、开发方式变化与人类活动等多种形式的扰动,在系统自我调节与人类客观管控的作用下产生适应性的响应(梁流涛等,2019;Tehrany et al., 2013)。因此,参考相关研究成果(宋永鹏等,2019;崔峰,2013;方创琳和蔺雪芹，2010；赵丹阳等，2017)，构建包含城市土地利用系统与生态环境效应系统 2 个系统、8 个功能团共 23 个指标的多层次评价模型，并应用到长三角地区城市土地利用与生态环境交互作用关系判断与机制研究中（表 8.8)。

**表 8.8　城市土地利用与生态环境效应评价指标体系**

| 类型 | 功能团 | 指标层 | 权重 | 作用方向 |
|---|---|---|---|---|
| 城市土地利用系统 | 社会发展水平（$C_1$） | 城镇化率（$C_{11}$） | 0.028 | + |
| | | 城镇居民人均可支配收入（$C_{12}$） | 0.032 | + |
| | | 万人拥有医院床位数（$C_{13}$） | 0.056 | + |
| | 经济发展水平（$C_2$） | 人均 GDP（$C_{21}$） | 0.082 | + |
| | | 第三产业比重（$C_{22}$） | 0.032 | + |
| | | 地均固定资产投资（$C_{23}$） | 0.108 | + |
| | 土地开发现状（$C_3$） | 人均耕地面积（$C_{31}$） | 0.029 | + |
| | | 建设用地面积占比（$C_{32}$） | 0.042 | + |
| | | 单位用地面积投资强度（$C_{33}$） | 0.033 | + |
| | 土地利用效益（$C_4$） | 单位建设用地产出（$C_{41}$） | 0.042 | + |
| | | 地均公共财政收入（$C_{42}$） | 0.037 | + |
| | | 常住人口密度（$C_{43}$） | 0.026 | + |
| 生态环境效应系统 | 生态环境现状（$E_1$） | 城市森林覆盖率（$E_{11}$） | 0.052 | + |
| | | 人均城市绿地面积（$E_{12}$） | 0.033 | + |
| | 环境负荷水平（$E_2$） | 人均工业废水排放量（$E_{21}$） | 0.022 | − |
| | | 人均工业 $SO_2$ 排放量（$E_{22}$） | 0.019 | − |
| | | 人均工业烟尘排放量（$E_{23}$） | 0.037 | − |
| | 资源消耗程度（$E_3$） | 人均全年用电量（$E_{31}$） | 0.045 | − |
| | | 人均能源消耗量（$E_{32}$） | 0.052 | − |
| | | 人均供水量（$E_{33}$） | 0.063 | − |
| | 环境治理力度（$E_4$） | 工业固体废物综合利用率（$E_{41}$） | 0.051 | + |
| | | 城镇生活污水处理率（$E_{42}$） | 0.037 | + |
| | | 生活垃圾无害化处理率（$E_{43}$） | 0.042 | + |

注：+ 指正向作用；− 指逆向作用。

基于以下考虑来选择相应指标：①城市土地利用系统中，居民生活与消费的变化、产业结构转型与升级都会对城市土地利用结构和开发强度产生影响（田俊峰等，2019；闫梅和黄金川，2013；张琳琳，2018)。其中，社会发展水平通过城镇发展水平、居民生活水平、科学技术水平来体现；经济发展水平可通过人均 GDP、产业结构、投资强度来反映；城市用地在规模和结构上的变化是对土地利用状态的全面反映，可以从横向的开发现状和纵向的利用效益两方面来表征，建设用地面积占比与人均耕地面积变化是体现土地开发现状最为直观的指标；建设用地产出、公共财政收入及其承载人口的强度则是表征土地利用效益最具代表性的指标。② 生态环境效应系统中，由生态环境现状、环境负荷水平、资源能耗程度及环境治理力度等方面要素确定。基于此，选取能够体现区域生态资源总量、污染物排放强度、资源消耗程度、环境治理力度中的典型指标来表示。为解决指标量纲类型不同而无法进行对比的问题，采用极差标准化法对数据进行无量纲化处理，其中：正向指标 $X'_{ij} = (X_{ij} - X_{i\min})/(X_{j\max} - X_{i\min})$，逆向指标 $X'_{ij} = (X_{j\max} - X_{ij})/(X_{j\max} - X_{i\min})$；利用层次分析法（AHP）-熵权法为指标赋权，加权求和计算城市土地利用指数（C）与生态环境效应指数（E），测算模型为

$$Y = \sum_{i=1}^{n} w_i \times X_i \tag{8.7}$$

式中，$Y$ 是总得分；$w_i$ 是第 $i$ 个指标的权重；$X_i$ 是指标的标准化数值；$n$ 是指标数目。

### 2. 交互作用机制模型

考虑到城市土地空间扩张与生态环境间交互作用的复杂性，采用能全面分析系统多因素之间作用机制的灰色关联评价模型（刘耀彬等，2005b），研究两系统内各要素间的动态演变规律，开展城市土地利用与生态环境效应的交互作用机制分析，识别系统内相互影响的关键因子。模型如下：

$$\xi_i(j)(t) = \frac{\min_i \min_j \left| Z_i^X(t) - Z_j^Y(t) \right| + \rho \max_i \max_j \left| Z_i^X(t) - Z_j^Y(t) \right|}{\left| Z_i^X(t) - Z_j^Y(t) \right| + \rho \max_i \max_j \left| Z_i^X(t) - Z_j^Y(t) \right|} \tag{8.8}$$

式中，$\xi_i(j)(t)$ 是 $t$ 时期的灰色关联系数；$Z_i^X(t)$、$Z_j^Y(t)$ 分别是 $t$ 时期各城市两系统内指标的标准化值；$\rho$ 是分辨系数，一般取值确定为 0.5。

处理各时间节点的截面数据，求取样本关联系数的均值，得到表征城市土地利用与生态环境效应系统内指标联系大小的关联度矩阵 $\gamma$。其中，关联度 $\gamma_{ij}$ 的取值区间为[0, 1]，其值越大，关联度越大，耦合度越强；反之亦然。根据耦合度的概念内涵，当 $0 < \gamma_{ij} \leqslant 0.35$ 时，要素间关联性低；当 $0.35 < \gamma_{ij} \leqslant 0.65$ 时，关联性中等；当 $0.65 < \gamma_{ij} \leqslant 0.85$ 时，关联性高；当 $0.85 < \gamma_{ij} \leqslant 1$ 时，指标间关联性极高。

$$\gamma = \begin{matrix} & \begin{matrix} Y_1 & \cdots & Y_l \end{matrix} \\ \begin{matrix} X_1 \\ \vdots \\ X_m \end{matrix} & \begin{vmatrix} \gamma_{11} & \cdots & \gamma_{1l} \\ \vdots & & \vdots \\ \gamma_{m1} & \cdots & \gamma_{ml} \end{vmatrix} \end{matrix} \tag{8.9}$$

式中，$\gamma_{ij} = \dfrac{1}{k}\sum\limits_{i=1}^{k}\xi_i(j)(t)\ (k=1,2,\cdots,n)$，$k$ 指样本数目，能通过横向截面数据求取指标间空间影响程度，还能通过纵向时间序列数据确定样本之间的时序演变特征。运用式（8.10）求取城市土地利用系统各功能团/指标层中对应的生态环境系统内全部因子关联程度的均值，根据结果大小与取值区间识别城市土地利用作用于生态环境上的关键胁迫因子。同理，可以识别出生态环境效应系统作用于城市土地利用的关键约束因子。模型如下：

$$
\begin{cases}
d_i = \dfrac{1}{l}\sum\limits_{i=1}^{l}\gamma_{ij} & (i=1,2,\cdots,l;\ j=1,2,\cdots,m) \\[2mm]
d_j = \dfrac{1}{m}\sum\limits_{j=1}^{m}\gamma_{ij} & (i=1,2,\cdots,l;\ j=1,2,\cdots,m)
\end{cases}
\tag{8.10}
$$

为了判断城市土地开发与生态环境两个系统的耦合程度，在式（8.9）的基础上进一步构建城市土地开发与生态环境效应相互关联的耦合度模型。运用此模型从时间与空间两个维度精确评价两系统间耦合协调程度。模型如下：

$$
A(t) = \frac{1}{m \times l}\sum\limits_{i=1}^{m}\sum\limits_{j=1}^{l}\xi_i(j)(t)
\tag{8.11}
$$

式中，$m$ 和 $l$ 分别指城市土地开发系统与生态环境效应系统内的指标数目；$A(t)$ 指耦合度。

### 8.3.2　土地利用与生态环境效应时空演变

1. 城市土地利用动态演变

浙江沿海土地利用指数逐年增加，由 2000 年的 0.083 升至 2015 年的 0.272，年均增长 8.2%。尤其是杭州、宁波等区域中心城市，经济发展与城市建设对土地开发起到促进作用，利用指数较高。其中，社会进步和经济发展对城市生产、生活空间与生态环境容量均产生巨大需求，土地利用压力的增大也是城市共同面临和亟须解决的问题。随着浙江沿海地区经济的结构调整与转型升级，展现出高创新性、高服务性、高层级性的发展态势，城乡居民生活状态呈现出高质量化、高素养化和高品质化的特点，经济发展水平持续提高，居民精神物质生活水准和社会基本公共服务保障得到改善；土地开发现状方面，城市土地急剧扩张、生态用地被侵占、人口空间承载增大也是导致城市土地利用指数上升的关键因素。土地利用现状相对稳定，还有下降的趋势，如杭州、绍兴等城市，降幅分别为 27.2% 和 5.0%。土地利用效益有很大增长，尤以温州（82.5%）、舟山（80.1%）与嘉兴（78.5%）等城市为最，建设用地扩张对城市压力的影响由面积数量向用地深度与效益方向转变。

城市土地利用指数的空间格局演变差异明显（图8.4），但各阶段格局差异较小。2015年指数最高的杭州（0.315）与最低的台州（0.222）相差1.42倍，城市土地利用呈高度不均衡状态，空间格局差异特征显著。其中，高值区主要位于杭州、宁波等城市，土地扩张产生的压力高于外围的嘉兴、台州等城市，此类城市经济体量大，人口分布集中，产业布局密度高，商业服务、科教文卫等相关配套服务健全，对建设用地的需求强烈。与此对应，外围城市经济质量有待提升，第三产业尤其是金融、保险、咨询等高端服务业发展层次低，集聚外来人口与产业项目的能力弱，社会经济发展对城市土地扩张的驱动作用小。

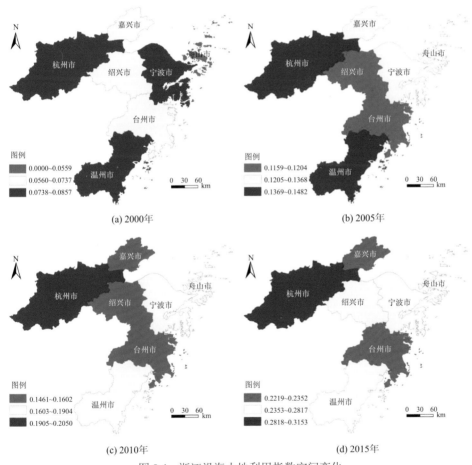

图 8.4　浙江沿海土地利用指数空间变化

## 2. 生态环境效应变化趋势

从时间序列看，浙江沿海城市环境负荷水平和资源能源消耗大幅提高，但由于森林面积与绿化面积的增加，以及各城市加大环境治理强度与生态保护力度，城市生态环境质量下降有限。具体到城市，杭州、宁波、温州等城市效应指数有所减小，生态环境质量降低，其余城市则持续上升。尤其是杭州，生态环境效应指数由2000年的0.380降至2015年的0.356，降幅最大；该市城镇化速度较快，建设用地面积扩张2.30倍；电力、能源与水资源的消耗量和工业污水排放量成倍增加，有毒废弃物和固体废弃物的排放增长近2.5倍，恶化了城市生态环境质量。生态环境质量改善的为嘉兴、台州、舟山等城市，指数增幅超过10%。上述地区对良好生态环境的需求日益强烈，应加强生态理念宣传与环境管理力度，通过转变经济发展模式，从排放源头、产污过程、末端处理等诸环节强化污染废弃物管控，降低城市居民生活、工业生产对生态环境安全造成的负面效应。

空间分布上，区域生态环境效应指数变幅较大，得分最高的台州市是最低的嘉兴市的1.23倍（图8.5）。2000年高值区位于浙东地区的杭州，而宁波、舟山与绍兴等城市工业废弃物与生活污染物大量排放，超过城市环境容量，质量指数较低。2005年与2010年，高值区范围扩大，绍兴与台州等市森林覆盖率高、生态保护理念深入，生态环境质量较好，得分较低的城市仍然位于甬杭沿线。至2015年，浙江沿海城市生态环境的整体质量较好。究其原因，浙江沿海城市所属地区多为丘陵山地，环境自净能力强，污染处理设施建设水平高，使得经济发展与城市建设过程中产生的污染物能够及时消解。这种变化与城市土地扩张的基本情况和政府对生态环保的关注程度紧密相关。如果城市土地空间扩张较快，生态环保意识薄弱与环境监督管理有限，那么生态环境质量的改善速度将会很缓慢。

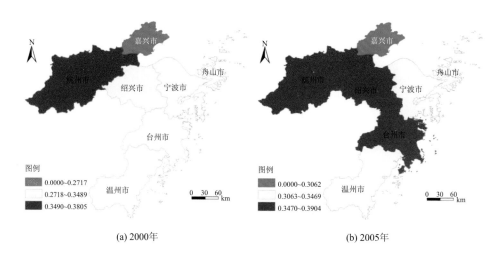

(a) 2000年    (b) 2005年

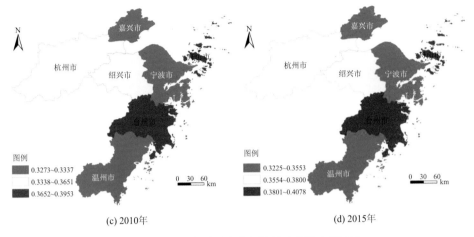

(c) 2010年　　　　　　　　　　　　　(d) 2015年

图 8.5　浙江沿海地区生态环境效应指数空间变化

### 8.3.3　土地利用与生态环境耦合特征分析

　　城市土地利用与生态环境效应各要素的复杂交错性与时空变化特征，是两系统间耦合关联的非线性叠加和具体反馈，表现特征如图 8.6：2000～2015 年为浙江沿海城市社会经济转型的关键时期，城市土地利用结构、合理开发强度、经济社会效益及其对生态环境质量的影响，受到社会发展水平、人口空间分布、产业转型升级与城市扩张模式等因素的共同作用。运用耦合模型进行测算，城市土地利用与生态环境效应的耦合强度空间差异较大。

　　（1）耦合度大于 0.8 的城市主要为杭州、宁波等。上述城市经济发达，城镇化水平较高，产业转型发展、基础设施建设、人居生活改善对城市土地需求旺盛，土地空间扩张迅速，但是由于重视土地的高效集约开发，生态环境保护政策健全并执行到位，使得耦合程度保持在较高水平。

　　（2）耦合度低值区集中在台州等地。此类地区经济发展程度相对落后，产业结构单一且发展缓慢，尤其是第三产业比重低，工业化和城镇化处于发展阶段，集聚人口能力有限，建设用地空间扩张缓慢，生态环境效应指数较高，使得城市土地利用与生态环境保护的耦合度较低。

　　（3）时间维度上，耦合度一直处于动态变化中，其中 2000 年的耦合度值最低，为 0.591，而在 2005 年达到最高为 0.891，至 2015 年又降至 0.687，呈现"倒 U 形"变化趋势。耦合度处于分离阶段的低值区不断强化，涵盖的城市有所增加，空间差异性特征明显。这说明城市土地开发等级与强度较低，建设用地扩张呈现空间密度低、布局分散化趋势，大面积侵占了周边生态用地。城镇化与工业化的粗放发展，对环境质量产生严重的外部负效应，导致城市土地开发与生态环境保护之间的偏离程度加大。

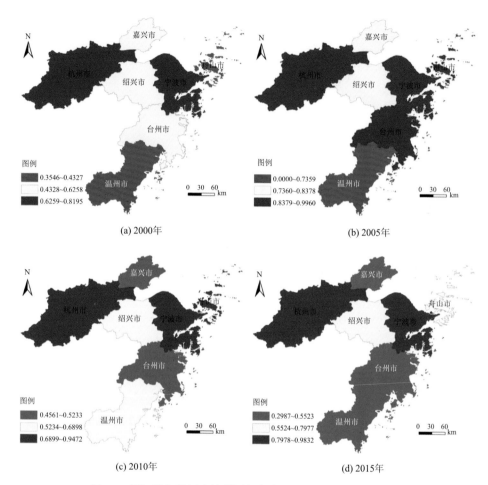

图 8.6　浙江沿海地区土地利用与生态环境效应耦合度空间分布

### 8.3.4　土地利用与生态环境交互作用机制

　　运用式（8.8）和式（8.10）测算浙江沿海地区城市土地利用与生态环境效应系统内各因素之间关联度的大小，求取不同年份、不同城市的因素关联程度的均值，得到各因素与功能团的关联度矩阵表，用以明确城市土地开发对生态环境质量造成胁迫作用的主要因素，并识别生态环境对城市空间扩张产生限制作用的关键因素。结果如表 8.9 所示，各因素关联度介于[0.442，0.739]，具有中等、较高的关联程度，表明两系统内部要素之间相互作用强度较大。

表 8.9　土地利用与生态环境效应各因素关联度矩阵

| | | $E_1=0.711$ | | $E_2=0.671$ | | | $E_3=0.741$ | | | $E_4=0.691$ | | | $\bar{X}$ |
| | | $E_{11}$ | $E_{12}$ | $E_{21}$ | $E_{22}$ | $E_{23}$ | $E_{31}$ | $E_{32}$ | $E_{33}$ | $E_{41}$ | $E_{42}$ | $E_{43}$ | |
|---|---|---|---|---|---|---|---|---|---|---|---|---|---|
| $C_1$ 0.520 | $C_{11}$ | 0.614 | 0.638 | 0.508 | 0.522 | 0.535 | 0.531 | 0.506 | 0.464 | 0.530 | 0.602 | 0.520 | 0.543 |
| | $C_{12}$ | 0.695 | 0.670 | 0.598 | 0.590 | 0.608 | 0.593 | 0.587 | 0.573 | 0.597 | 0.647 | 0.592 | 0.613 |
| | $C_{13}$ | 0.644 | 0.640 | 0.540 | 0.529 | 0.552 | 0.527 | 0.518 | 0.530 | 0.557 | 0.623 | 0.561 | 0.566 |
| $C_2$ 0.642 | $C_{21}$ | 0.610 | 0.633 | 0.537 | 0.552 | 0.575 | 0.536 | 0.515 | 0.523 | 0.579 | 0.655 | 0.536 | 0.568 |
| | $C_{22}$ | 0.649 | 0.664 | 0.499 | 0.516 | 0.549 | 0.514 | 0.496 | 0.447 | 0.524 | 0.564 | 0.498 | 0.538 |
| | $C_{23}$ | 0.693 | 0.693 | 0.544 | 0.555 | 0.589 | 0.540 | 0.525 | 0.475 | 0.540 | 0.565 | 0.492 | 0.565 |
| $C_3$ 0.486 | $C_{31}$ | 0.663 | 0.646 | 0.600 | 0.603 | 0.604 | 0.598 | 0.595 | 0.595 | 0.616 | 0.634 | 0.555 | 0.610 |
| | $C_{32}$ | 0.548 | 0.550 | 0.579 | 0.565 | 0.574 | 0.564 | 0.558 | 0.519 | 0.581 | 0.621 | 0.530 | 0.562 |
| | $C_{33}$ | 0.442 | 0.473 | 0.649 | 0.638 | 0.592 | 0.644 | 0.634 | 0.575 | 0.650 | 0.665 | 0.564 | 0.593 |
| $C_4$ 0.452 | $C_{41}$ | 0.710 | 0.731 | 0.534 | 0.541 | 0.587 | 0.528 | 0.512 | 0.466 | 0.547 | 0.611 | 0.510 | 0.571 |
| | $C_{42}$ | 0.605 | 0.605 | 0.530 | 0.531 | 0.566 | 0.531 | 0.509 | 0.500 | 0.521 | 0.538 | 0.507 | 0.540 |
| | $C_{43}$ | 0.739 | 0.736 | 0.563 | 0.558 | 0.615 | 0.536 | 0.522 | 0.491 | 0.553 | 0.559 | 0.535 | 0.582 |
| $\bar{Y}$ | | 0.634 | 0.640 | 0.557 | 0.558 | 0.579 | 0.554 | 0.540 | 0.513 | 0.566 | 0.607 | 0.533 | |

1. 土地利用对生态环境的胁迫作用

土地利用各因素对生态环境的胁迫作用较大，最为明显的有 3 个因素（表 8.9）：城镇居民人均可支配收入（0.613）、人均耕地面积（0.610）和单位用地面积投资强度（0.593），此过程通过城市居民生活水平、后备资源状况和土地开发强度等因素来影响城市生态安全与环境质量。对于各功能团，社会发展水平、经济发展水平、土地开发现状、土地利用效益与生态环境效应系统的关联度历年均值分别为 0.520、0.642、0.486、0.452（表 8.9）。比较而言，经济发展水平对生态环境的胁迫作用大于其他功能团，说明现阶段由经济发展带来的城市土地扩张、生态景观改变、人口空间集聚是限制城市生态安全与环境质量提升的主要因素，不透水面面积扩大产生的热岛效应、土地利用结构不合理产生的效率低下等问题对生态环境的维持引发的损害同样严重（图 8.7）。

通过长时间尺度的纵向观察，各功能团因素对生态环境质量的胁迫作用增大，表明社会经济发展与土地利用开发中的生态安全保护意识有待提高，未来应着力推进绿色低碳发展，形成城市土地扩张和生态环境保护相协调的空间格局、产业结构与生产生活方式，从源头上扭转生态环境恶化趋势。因此，应依据区位理论对城市土地进行优化配置，控制城市增长边界，避免城市盲目外延式扩张，限制对生态空间的侵占，通过规划调控和土地市场监管解决城市土地粗放利用，减弱对生态环境的破坏。但是短期内无法打破城乡发展差异，城市作为人财物的集散地，对劳动力、资本与技术的空间集聚效应明显，空间扩张与开发强度的增大依然是各城市需要面临的问题，土地利用对生态环境的胁迫作用将会长期存在。

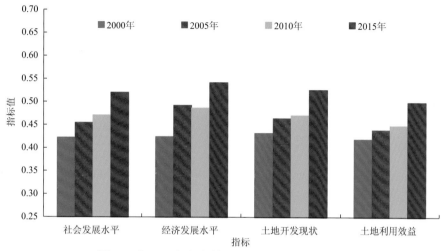

图 8.7　浙江沿海土地利用对生态环境的胁迫作用

2. 生态环境对城市土地利用的约束作用

生态环境效应系统内各因素对土地利用也显示出较强的约束作用，其中作用强度最大的 3 项指标为人均城市绿地面积（0.640）、城市森林覆盖率（0.634）、城镇生活污水处理率（0.607）（表 8.9）。各功能团约束力强度则表现为：资源消耗程度（0.741）>生态环境现状（0.711）>环境治理力度（0.691）>环境负荷水平（0.671）（表 8.9）；同时各功能团内部因素对城市空间扩张的限制强度呈现下降趋势（图 8.8）。

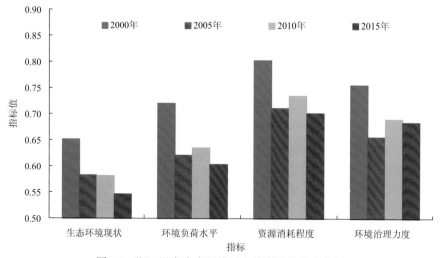

图 8.8　浙江沿海生态环境对土地利用的约束作用

　　浙江沿海地区生态绿色空间萎缩、水源短缺和供水限制、用地污染等基础开发条件的恶化限制了城市空间布局与产业优化建设，成为降低建设用地开发效益的重要因素。政府环境管制能力与污染治理力度对生态条件的改善起到关键作用，高效的管制能力与治理手段能在很大程度上降低城市空间生产与居民生活活动对生态环境质量带来的外部负效应，使生态环境对城市土地利用的约束作用不断降低。与此同时，当前城市生态空间保护与环境治理能力的不足制约了生态环境质量的改善，高昂的污染治理成本与生态保护投入占用了有限的社会发展资金，提高了经济质量进步的成本，约束了城市土地的高效集约开发。

# 第9章　福建海岸线开发与保护

## 9.1　福建沿海岸线开发与保护空间布局

根据福建省海洋开发保护的现状与面临的形势，结合《全国海洋功能区划（2011—2020年）》与福建省海洋开发保护目标要求，以及沿海经济带发展战略布局、海域自然地理区位、区域生态环境安全、海上交通安全和国防安全等因素，全省划分出 13 个海洋开发与保护重点海域，分别为沙埕港海域、三沙湾海域、罗源湾海域、闽江口海域、福清湾及海坛海峡海域、兴化湾海域、湄洲湾海域、泉州湾海域、深沪湾海域、厦门湾海域、旧镇湾海域、东山湾海域和诏安湾海域。

### 1. 沙埕港海域

沙埕港海域位于福建省东北部，在福鼎市境内，毗邻浙江省。海岸线自沙埕镇至店下镇，长 174 km，海域面积 89 km²。沙埕港呈狭长弯曲状，由东南向西北延伸，湾口朝向东海，是我国天然深水良港之一。主要入海河流有桐山溪、照澜溪等。

海域主要功能为军事用海、农渔业用海。重点保护对象是沙埕港红树林保护区。区内应保障国防安全用海，统筹安排城镇与工业建设、渔业基地等基础设施用海；保护滨海湿地，严格控制围填海规模，禁止围填海工程破坏海湾生态环境；加强风暴潮、赤潮等自然灾害的防控与防治；加强沙埕港红树林保护区的管理，逐步修复红树林生境；严格执行污染物达标排放。

### 2. 三沙湾海域

三沙湾海域位于闽东地区，海岸线自东冲半岛至鉴江半岛，长 553 km，海域面积 784 km²。三沙湾"口小腹大"，岸线曲折，水域开阔，是我国天然深水良港之一。海湾的西北部有交溪、霍童溪等河流注入。

海域主要功能为港口航运、工业与城镇、农渔业、军事用海。重点保护对象是官井洋大黄鱼海洋保护区、盐田港红树林自然保护区。区内应做好军民用海的协调工作，处理好军港和商港开发之间的关系，实现军民共用、共同发展；科学合理发展海水养殖业，适当控制养殖规模，优化水产养殖结构；加强官井洋大黄鱼海洋保护区等各类海洋保护区的管理，严格执行保护区相关管理规定，开展海域生态环境修复，增殖和恢复渔业资源；保护滨海湿地，维护环三都澳湿地水禽红树林自然保护区生态环境，严格控制围填海规模；加强风暴潮、赤潮等自然灾害的防控与防治；严格执行污染物达标排放，引导陆源污染物向湾外离岸深水达标排放。

### 3. 罗源湾海域

罗源湾海域位于福建省东北部沿海，北侧和西北侧属罗源县，西侧和南侧属连江县。罗源湾海岸线自鉴江半岛至黄岐半岛，长 158 km，海域面积 214 km$^2$，是我国天然深水良港之一。主要入海河流有起步溪和百丈溪。

海域主要功能为港口航运、工业与城镇用海。区内应制定科学的港口发展规划，保护港口资源；重点发展港口航运业及临海工业，协调处理好港口、临海工业发展与现有海水养殖业的关系；保护滨海湿地，严格控制围填海规模；加强海洋生态环境保护，合理设置临港工业排污区，引导污染物向湾外离岸深水达标排放。

### 4. 闽江口海域

闽江口海域北起黄岐半岛北茭，南至长乐松下，西为闽江、敖江入海口，隶属连江、马尾、长乐 3 县（区、市），海岸线长 123 km。入海河流闽江是福建省最大河流，年径流量 620 亿 m$^3$，年输沙量 829 万 t。

海域主要功能为海洋保护、旅游休闲娱乐、矿产与能源开发。区内应加强闽江口航道疏浚整治，加强港区、旅游区、渔业水域和保护区的统筹协调管理；严格控制港口航运、矿产与能源开发造成的污染，实施闽江口及毗邻海域环境综合治理，增殖和恢复渔业资源；加强闽江河口湿地自然保护区管理，保护湿地物种多样性，适时实施保护区生态环境修复措施，维护鸟类栖息环境。

### 5. 福清湾及海坛海峡海域

福清湾及海坛海峡海域位于福建沿海中段，西侧为福清市，东侧为平潭综合实验区，海岸线长 72 km，海域面积 171 km$^2$。主要入海河流为龙江。

海域主要功能为农渔业、港口航运、工业与城镇用海。应加强龙江流域综合整治，增殖和恢复渔业资源；加强港口航运区、渔业水域的统筹协调管理；严格控制港口航运、工业与城镇建设等开发活动造成的污染，促进渔业生产可持续健康发展；保护滨海湿地，保护中国鲎物种；严格控制工业与城镇建设的围填海规模。

### 6. 兴化湾海域

兴化湾海域位于福建沿海中段，北侧为福清市，西侧为莆田市涵江区、荔城区，南侧为莆田市秀屿区（东南部邻南日群岛），海岸线长 255 km，海域面积 709 km$^2$。主要入海河流有木兰溪、萩芦溪等。

海域主要功能为港口航运、农渔业、工业与城镇用海。应重点保护滨海湿地、三江口海域鳗鲡苗和缢蛏等天然苗种场；加强港口航运区、农渔业区、临海工业区、排污区水域的统筹协调管理；严格控制福清核电站温排水范围，加强区域海洋环境监测，制定科学合理的海洋生态环境保护措施，减少对兴化湾北部农渔业区的影响；严格控制围填海规模，保护兴化湾浅海滩涂资源和渔业资源。

### 7. 湄洲湾海域

湄洲湾海域位于福建省中部沿海，东侧为莆田市秀屿区，北侧为莆田市城厢区、仙游县，西侧为泉州市泉港区、惠安县。湄洲湾海岸线长 242 km，海域面积 507 km$^2$，是我国天然深水良港之一。主要入海河流为枫慈溪。

海域主要功能为港口航运、工业与城镇用海。应协调好现有的海水养殖业与港口航运、临海工业用海之间的关系；根据港口规划，合理有序地发展港口航运业；严格控制港口航运、临港工业等造成的海洋污染；严格控制工业与城镇建设的围填海规模，保护湄洲岛海洋特别保护区生态环境。

### 8. 泉州湾海域

泉州湾海域位于福建省东南部沿海，隶属泉州市洛江区、丰泽区、惠安县、晋江市和石狮市，海岸线长 140 km，海域面积 174 km$^2$。主要入海河流有晋江、洛阳江等。

海域主要功能为港口航运、海洋保护、旅游休闲娱乐用海。应重点保护泉州湾河口湿地海洋保护区生态系统。海湾内应加强港口航运区、旅游休闲娱乐区、农渔业区和海洋保护区的统筹协调管理；严格执行保护区相关管理规定，保护泉州湾河口湿地自然保护区海洋生态环境，重点加强百崎湖生态整治区的建设；合理有序地发展港口航运业，严格控制污染物排放；加强崇武—浮山、大坠岛旅游休闲娱乐区生态环境保护力度。

### 9. 深沪湾海域

深沪湾海域位于福建省东南部沿海，隶属晋江市和石狮市。海岸线长 18 km，海域面积 23 km$^2$。

海域主要功能为海洋保护、农渔业、旅游休闲娱乐用海。重点保护对象为深沪湾海底古森林遗迹国家级自然保护区。区内应严格执行海底古森林遗迹保护区相关管理规定，加强保护区管理，严格控制影响保护区环境的建设项目，控制污染物排放；合理发展深沪湾港口航运业和旅游休闲娱乐业，严格控制其对海底古森林、牡蛎礁和海蚀变质岩等保护目标的影响。

### 10. 厦门湾海域

厦门湾海域位于福建省东南部沿海，隶属泉州市、厦门市和漳州市。海岸线自晋江市的围头角至龙海区的镇海角，长 340 km，海域面积 1533 km$^2$。主要入海河流九龙江是福建省第二大河流，全长 1923 km，年均径流量 121 亿 m$^3$，年均输沙量约 250 万 t，对河口区及厦门西海域的水质环境、海底冲淤环境影响较大。

海域主要功能为港口航运、旅游休闲娱乐、工业与城镇和海洋保护区用海。重点保护厦门珍稀海洋物种国家级自然保护区的生态环境，保护中华白海豚、文昌鱼、鹭鸟、红树林等珍稀野生动植物和典型海洋生态系统。厦门市、漳州市和龙岩市要强化九龙江流域综合整治，对污染物排海实施达标排放与总量控制；严格控制围填海规模，特别是围头湾、大嶝海域的围填海规模；严格控制砂矿资源开采范围及数量；保护海洋生态环境，加强中华白海豚、厦门文昌鱼和鹭鸟等珍稀海洋物种栖息环境的保护力度；加强区域环境管理和整治，保护九龙江口红树林保护区的生态环境；控制港口航运、滨海城镇建设和临港工业造成的污染，合理利用厦门滨海旅游资源，促进滨海旅游业健康发展。

### 11. 旧镇湾海域

旧镇湾海域位于福建省南部沿海的漳浦县东部，在古雷半岛和六鳌半岛之间，海岸线长 50 km，海域面积为 85 km$^2$。主要入海河流为鹿溪。

海域主要功能为农渔业、矿产与能源用海。区内应制定区域污染控制措施，严格控制陆源污染物排海；加强滩涂、浅海、网箱、围塘的养殖规模和品种管理，减少养殖自身污染，促进旧镇湾水产养殖业可持续健康发展；合理有序发展六鳌海域的港口航运业，严格控制围填海规模；提高制盐业生产技术，保证竹屿盐田的可持续发展。

### 12. 东山湾海域

东山湾海域位于台湾海峡南口的西岸，隶属漳浦县、云霄县和东山县。东山湾海岸线长 111 km，海域面积 274 km$^2$，是我国天然深水良港之一。主要入海河流为漳江。

海域主要功能为港口航运、农渔业、工业与城镇用海。重点保护对象是漳江口红树林生态系统和东山珊瑚礁生态系统等。区内应加强港口航运区、旅游休闲娱乐区、农渔业区、工业与城镇用海区的统筹协调管理；加强水产养殖规模和品种管理，制定区域污染控制措施，减少养殖自身污染，促进东山湾水产养殖业健康发展；完善海洋保护区管理制度，加强各保护区生态环境保护力度，适时实施漳江口红树林保护区生态修复；科学有序地建设古雷港区，减少对东山珊瑚省级自然保护区和农渔业区的影响；严格控制湾内围填海规模。

13. 诏安湾海域

诏安湾海域位于福建省南部，东侧为东山岛，西侧为宫口半岛，东北侧经八尺门水道与东山湾相连。诏安湾隶属东山县和诏安县，海岸线长 50 km，海域面积 218 km$^2$。主要入海河流为仙陂溪等。

海域主要功能为农渔业、矿产与能源用海。区内应协调好港口航运区与农渔业区的关系，加强滩涂、浅海、网箱、围塘的养殖布局规划与管理，减少养殖自身污染；制定区域污染控制措施，促进水产养殖业可持续健康发展；保护盐田区海水质量，提高盐业生产技术，保证盐业可持续发展。

## 9.2　重点湾区海岸线资源利用管控思路和方向

立足比较优势，着眼全局发展，结合不同湾区科学保护、合理利用的战略要求，突出湾区特色经济发展，明确湾区发展定位，优化湾区功能布局，落实湾区重大任务，优化提升"双核、六湾、多岛"的蓝色产业带。

### 9.2.1　环三都澳区

环三都澳区位于宁德市境内，拥有湾坞、漳湾、城澳、溪南等 20 万～50 万吨级深水岸线资源。

1. 发展定位

充分挖掘环三都澳海岸带的区域和资源优势，主动承接长江三角洲和台湾等地区产业转移，打造福建省对接长三角和台湾的重要门户、海峡西岸东北翼重要经济增长极、生态旅游基地和生态宜居海湾。

2. 功能分区

推动环三都澳海岸带开发从"临海"向"环海、跨海"三步跃升，实施"港城一体"的空间发展战略，构建"山海呼应，区域协调"的海岸带空间发展与保护格局。

科学推进岸线开发和港口建设，着力打造溪南、赛江、湾坞、漳湾等临港工业片区和港口物流枢纽区。依托三都澳港、白马港、沙埕港等深水良港，组建由宁德三都澳经济开发区引领的，包含福建东侨经济技术开发区、福建福安经济开发区、福建福鼎工业园区等在内的环三都澳产业聚集发展带。

依托渔业特色资源优势和依山傍海的地理景观特色，打造以环三都澳、沙埕湾、八尺门等为核心的蓝色渔业经济区和嵛山岛、三都澳海上渔城、太姥山风景名胜区等"海岛-海上-海岸"精品滨海旅游区。

重点开展环三都澳海域生态环境修复，增殖和恢复渔业资源。重点加强环三都澳湿地水禽红树林自然保护区、宁德东湖国家湿地公园、官井洋大黄鱼海洋保护区、金涵水库、官昌水库等主要水源保护区的生态系统保护与修复。

3. 重点任务

产业与城镇发展。充分利用三都澳深水港口优势，科学推进溪南、湾坞、漳湾等 20 万～50 万吨级深水岸线资源开发和港口建设，重点发展冶金新材料和海洋工程机械装备等临海产业，扩大提升发展军民融合产业。强化环三都澳海岸带地区依山傍海的地理景观特色，加强海洋旅游区和陆地旅游区的互联互通，延伸旅游产业链，加快酒店、交通、餐饮等旅游周边服务设施建设。适度发展浅海养殖，积极拓展湾外养殖和远洋捕捞，强化环三都澳海岸带地区大黄鱼、弹涂鱼、紫菜、海带等渔业特色资源的品牌优势，优化水产养殖结构，提升现代海洋渔业。

生态环境保护。加强海洋和陆地自然保护区、湿地公园建设与管理，重点保护大黄鱼、红树林、刺桫椤、鸳鸯、猕猴等珍稀动植物资源以及特色地质景观和自然生态系统，适度开发旅游资源。在金涵水库、官昌水库等主要水源保护区实施严格的生态环境保护措施，控制水源地周边区域污染物排放总量。在各保护区内探索制定生态保护补偿制度，协调区域发展与保护。加强风暴潮、赤潮等自然灾害以及互花米草生物灾害的防控与防治。

区域协调发展。突出海峡西岸东北翼门户的重要职能，充分发挥北接温州、直上长江三角洲的独特区位优势，大力承接长江三角洲和台湾等区域产业、资金、技术、人才转移。推进与闽江口区域空间、产业、交通、基础设施、生态保护等多方面的跨地区联动，加强基础设施通道的对接及泛太姥山旅游度假区和大白水洋生态文化旅游区的互补协调，拓展对台旅游交流合作。

## 9.2.2　闽江口区

闽江口区主要位于福州市境内，包括闽江口、罗源湾、福清湾、兴化湾北岸等区域，覆盖平潭综合实验区，拥有罗源湾、兴化湾北岸等 20 万～30 万吨级深水岸线资源。

1. 发展定位

进一步发挥省会中心城市龙头带动作用，强化福州省域综合服务功能，建设海峡西岸先进制造业基地和台湾产业转移的核心承载地。大力推进福州新区和平潭综合实验区建设，创新管理体制和管理方式，加快重点组团建设，完善综合配套设施，支持福州新区与平潭综合实验区岛区联动、一体化发展，加快形成带动闽东北崛起的新经济增长极，在更高起点、更广范围、更宽领域推进两岸交流合作。

2. 功能分区

以临港工业园区、沿海城镇为发展重点，以沿海防护林基干林带、国家森林公园、自然保护区、风景名胜区、湿地公园、长乐海蚌资源增殖保护区等为生态廊道和节点，构筑结构有序、利用高效、功能清晰的空间发展格局。

强化福州中心城市的集聚发展，加快推进福州新区、平潭综合实验区建设，加强城市资源、空港资源、滨海资源整合，推动福州中心城区沿江向海发展，打造福州—长乐—平潭发展轴，引导沿线城镇空间集聚，有效疏解中心城区人口，推动产业集群发展，加快新兴产业规模化发展，形成"南北两翼"共同发展格局。

3. 重点任务

产业与城镇发展。重点发展机械装备、电子信息、冶金、化工新材料、海洋高新技术等产业。发挥福州省会中心城市人才集聚等优势，积极发展海洋生物医药、邮轮游艇、海洋可再生能源、海洋工程装备专用设备等海洋新兴产业和滨海旅游、金融服务、跨境电商、海洋文化创意、海洋环保、海洋信息服务等海洋服务业，开发建设闽台（福州）蓝色经济产业园、可门经济开发区。坚持港区建设与园区发展有机联动，加快福州港基础设施建设，大力发展港口物流业，建成连接两岸、辐射内陆的现代物流中心。平潭综合实验区重点布局电子信息、新材料、新能源等高技术产业以及金融保险、跨境电商、高端商务等现代服务业。着力发展以坛南湾、海坛湾为主的滨海旅游度假区。适度开发建设屿头岛、大（小）练岛、东（小）庠岛、塘屿岛、大屿岛、草屿岛等附属岛屿。

全面提升旅游业发展水平，整合历史文化、温泉、滨江、滨海四大优势旅游资源，深度挖掘现有滨海旅游资源，重点整合闽江河口湿地自然保护区、闽江河口国家湿地公园、长乐滨海旅游地带、环福清湾滨海旅游开发、兴化湾北部地区滨海旅游开发等滨海地带，培育本土特色滨海旅游品牌，推进平潭国际旅游岛建设，培养发展邮轮游艇产业，建设海上补给基地，大力发展滨海旅游、度假养生等产业。

生态环境保护。重点保护闽江河口湿地自然保护区和湿地公园、平潭三十六脚湖等自然保护区，平潭海岛国家级森林公园、十八村省级森林公园等森林公园和塘坂水库等主要水源地。加快推动建立福清兴化湾水鸟自然保护区，维护鸟类栖息环境；推进闽江、敖江、梅溪、大樟溪等水域两岸防护绿地建设，加强长江澳、坛南湾、海坛湾等海岸带保护，建立以地带型植被为主体的防护林体系。加强岸线资源保护与优化利用，制定科学的港口发展规划，协调处理港口、临海工业发展与现有海水养殖业的关系，保护滨海湿地，严格控制围填海规模，有效控制主要排海污染物。严格控制福清湾、兴化湾北岸区域港口航运、工业与城镇建设等开发活动造成的污染和自然湿地丧失，促进渔业生产和生态环境可持续健康发展。

区域协调发展。强化榕台合作，深化两岸经贸文化对接，积极探索两岸合作新模式，积极承接台湾产业转移，打造对台合作的重要基地。促进福州、平潭综合实验区合作，实现福州中心城市、福州新区与平潭综合实验区的一体化发展。

### 9.2.3　湄洲湾区

湄洲湾区域地跨莆田、泉州两市，包括湄洲湾、平海湾、兴化湾南岸等区域，拥有斗尾、罗屿等 20 万～40 万吨级深水岸线资源。

#### 1. 发展定位

以湄洲湾、兴化湾、平海湾三大港湾建设为依托，大力发展港口经济，推进产业转型升级，依托妈祖文化等特色资源，把湄洲湾区域建设成为海峡西岸先进制造业和能源基地、海峡西岸现代物流中心、海峡西岸文化旅游度假胜地和世界妈祖文化交流中心。

#### 2. 功能分区

湄洲湾南岸重点发展石化、船舶工业，湄洲湾北岸及北翼拓展区兴化湾南岸重点发展化工（纺织化纤）新材料、食品加工、电子信息、高端装备、能源和商贸物流等产业，加强对台产业协作。

依托湄洲湾港口资源，推动湄洲湾临港产业带建设，拓展滨海产业、城镇发展空间，逐步开发兴化湾，促进发展重点进一步向沿海转移。

#### 3. 重点任务

产业与城镇发展。充分发挥湄洲湾港口岸线资源优势，整合兴化湾南岸、平海湾、湄洲湾等港区，建成大宗散货和集装箱运输相协调的重要港口。集中布局建设湄洲湾石化基地，加快延伸石化产业链，打造具有国际竞争力的临港石化产业基地。

深化岸线资源整合，推进湄洲湾南北岸合理布局和协调开发，促进港口物流业加快发展，加快湄洲湾港口建设，依托港口加快发展高端临海产业，积极发展海洋可再生能源、海洋工程装备专用设备等海洋新兴产业和滨海旅游、海洋文化创意等海洋服务业，提升现代海洋渔业，推进莆田市湄洲岛国家旅游度假区建设。重点推进泉港、泉惠、石门澳、东吴、兴化湾南岸、莆头等临港工业区建设，建成现代化的临海高端制造业基地、能源基地、化工新材料基地和福建健康产业园。

整合湄洲岛和妈祖城发展资源，疏解湄洲岛人口和功能，建设妈祖城综合旅游服务基地。大力发展栽培渔业，应用离岸深水设施养殖技术，促进近岸贝藻混养碳汇渔业养殖基地转型升级，加快推进南日岛海洋牧场建设。适度开发以湄洲岛、南日岛、平海湾为龙头的海岛旅游资源。

生态环境保护。重点加强兴化湾海湾、平海海滩岩、沙丘岩自然保护区等生态环境保护与修复。加快推进木兰溪口、萩芦溪口湿地公园建设和湿地生态保护修复。加强陆源和海域污染控制。严格控制港口航运、临港工业等造成的海洋污染；实施溢油应急等风险防范计划，并与周边港区建立溢油事故风险防范联动机制，防止溢油污染。严格控制工业与城镇建设的围填海规模。

区域协调发展。重点协调好现有的海水养殖业与港口航运、临海工业用海之间的关系；利用沿海通道，融入海峡西岸经济区发展格局，构筑区域发展的节点；加强与周边城市在设施、交通、产业、生态等多方面的协调。

### 9.2.4 泉州湾区

泉州湾区域位于泉州市境内，包括泉州湾、围头湾等区域。

#### 1. 发展定位

发挥港口城市的载体作用，以差异化发展为战略核心，大力推进"21世纪海上丝绸之路"先行区建设，打造全国重要的先进制造业基地和海峡西岸经济区中心城市，建设海峡两岸交流合作前沿平台，培育海峡西岸经济区重要的创业中心、服务中心、文化中心、旅游名城和宜居城市。

#### 2. 功能分区

以泉州都市区为核心，以港口和工业园区为发展重点，以晋江、洛阳江、戴云山、泉州湾等为山-海联系的生态廊道，以泉州森林公园、清源山风景名胜区、泉州湾河口湿地省级自然保护区、深沪湾海底古森林遗迹国家级自然保护区为生态节点，构建生活、生产、生态三大发展空间。

促进环泉州湾区域发展。依据泉州都市区空间结构，整合泉州、晋江、石狮中心城区，形成一体化发展地区，协调湄洲湾南岸地区和南翼环围头湾地区的功能布局，构建"一湾两翼三带多支点"的环湾城市发展空间结构，统筹推进大型基础设施建设，促进城乡空间协调发展。

### 3. 重点任务

产业与城镇发展。统筹产业、港口、城市发展，加快泉州台商投资区、泉州总部经济带等区域开发建设，发展壮大装备制造、电子信息等高端临海产业，提升港口物流业，加快培育发展海洋生物医药、海洋可再生能源、游艇制造、海水淡化与综合利用等海洋新兴产业和海洋文化创意、海洋信息服务等海洋服务业，突出产业优势，促进产业重组整合与转型升级，打造在国内外市场有影响力的知名品牌和产业集群。

提升现代海洋渔业和滨海旅游业。加快渔港建设，形成区域特色渔港经济，推进渔业生态健康养殖。依托沿海大通道、福厦高速公路，培育东部蓝色滨海旅游带，保护并合理开发崇武至秀涂"最美海岸线"，重点发展泉北"惠女风情"滨海休闲旅游区、泉南商贸对台滨海旅游区。

生态环境保护。重点保护深沪湾海底古森林遗迹国家级自然保护区、泉州湾河口湿地省级自然保护区生态系统，严格执行保护区相关管理规定，控制影响保护区环境的建设项目；加强泉州湾河口湿地、沿海防护林、城市生态绿带，以及洛阳江、晋江干流等重要河流水系两侧绿带等区域的生态保护，加强沿海近海域岸线资源保护与优化利用。保护泉州的历史文化资源和城市的山水格局，重点控制城镇组团间的生态廊道和生态绿地。开展外来物种互花米草整治，强化海洋环境综合整治和生态修复，逐步遏制海洋生态环境恶化趋势，改善海域的环境质量。

区域协调发展。与厦门湾区域加强港口、机场建设等重大基础设施的共建共享，以厦门翔安机场建设为契机，统筹围头湾与厦门翔安机场地区、厦门翔安等地空间发展，加强与厦漳泉城际轨道、沿海高速铁路后方交通干线、枢纽设施等无缝衔接，构筑具有区域影响力的一体化区域。与湄洲湾区域加强港口、产业、重大交通设施通道协调，增强湾区整体竞争优势。

## 9.2.5　厦门湾区

厦门湾区域地跨厦门、漳州两市，包括九龙江（内港）和刘五店（外港）地区，拥有 10 万～20 万吨级深水岸线资源。

### 1. 发展定位

以厦门岛为龙头，以厦门湾北岸和南岸为发展翼，加快推动中国（福建）自由贸易试验区厦门片区建设，增强高端要素集聚和综合服务功能，提升港湾一体化发展水平，打造我国东南国际航运中心、两岸贸易中心、两岸区域性金融服务中心、海洋高新技术产业基地、现代海洋服务业基地和海洋综合管理创新示范区。

2. 功能分区

厦门湾北岸重点发展现代服务业、战略性新兴产业，推动建设中国（福建）自由贸易试验区厦门片区，建设先进制造业和创新产业的集聚区和示范区，对于不宜在厦门岛内发展的工业，逐步引导其向岛外、市外转移，完成制造业产业空间的置换和优化；厦门湾南岸以招银-港尾组团为核心，积极发展装备制造、电子信息等高端临海产业；以厦门岛为中心，大力发展滨海旅游、港口物流等海洋服务业。

严格保护海洋生态环境，统筹协调城镇与港口布局、产业发展、旅游开发、生态保护关系，分类调控厦门湾岸线。港口航运岸线主要分布在翔安岸段、海沧岸段、招银岸段、后石岸段；工业与城镇建设岸线主要分布在翔安、大嶝岛东部、同安湾、刘会等岸线；旅游岸线主要分布在马銮-同安湾旅游岸线、厦门岛东部旅游岸线、东屿旅游岸线、鼓浪屿旅游岸线、海门岛旅游岸线、大径旅游岸线。海洋保护岸线主要分布在海沧鳌冠自然岸线、厦门岛东部砂质岸线、同安湾西侧人工修复砂质岸线、下潭尾红树林保护岸线、九龙江口红树林保护岸线等。

3. 重点任务

产业与城镇。发挥厦门经济特区龙头带动作用，提升厦门湾都市区的集聚功能，加快建设沿湾新城，培育中心城镇，形成环海湾发展格局，推进厦漳泉同城化与厦门岛内外一体化发展。

整合各港区资源，推进围头湾港区、东渡港区、海沧港区、翔安港区、招银港区、后石港区、石码港区等港区发展，加快建设厦门东南国际航运中心。

依照重点发展与均衡布局相结合的原则，促进厦门湾产业有序发展，依托厦门海沧台商投资区、厦门海沧保税港区、漳州台商投资区等产业集中区，形成相对集中的发展格局。

严格实施基本农田保护制度，维持厦门同安、翔安和漳州龙海等地的基本农田面积稳定。在保证合理控制开发的同时，加强本区的服务功能，将其打造成为城镇农副产品供应基地，立足做精做优，大力发展高科技种苗业、特色农业、农产品精深加工业和观光休闲农业，提高都市现代化农业发展水平。

充分发挥旅游业在城市服务业中的龙头作用，实施"精品"战略，进一步完善旅游业产业体系，形成"一湾携两岸、两点带三圈"的旅游发展格局。"一湾"即厦门湾；"两岸"即海湾两岸城市景观；"两点"是指鼓浪屿旅游目的地和金门旅游目的地；"三圈"即都市文化旅游圈、海岛风光旅游圈、环城休闲度假旅游圈。

生态环境保护。重点保护厦门珍稀海洋物种国家级自然保护区的生态环境，保护中华白海豚、文昌鱼、鹭鸟、红树林等珍稀野生动植物和典型海洋生态系统。推动区域海上垃圾治理，强化九龙江流域和厦门湾协同整治，对污染物排海实施达标排放与总量控制，控制港口航运、滨海城镇建设和临港工业造成的污染；严格控制湾内围填海规模、砂矿资源开采范围及数量；加强区域环境管理和整治，保护九龙江口红树林保护区的生态环境。

区域协调发展。加强与泉州及翔安机场周边区域规划协调，推进湾区干线、沈海复线、厦金泉通道、城际轨道交通、市政公用设施建设及围头湾海域综合整治。推动厦门、漳州湾区干线、厦门南通道、厦漳泉联盟路、城际轨道交通建设。

### 9.2.6  东山湾区

东山湾区位于漳州市境内，包括旧镇湾、东山湾、诏安湾及周边区域，拥有20万吨级以上深水岸线资源。

#### 1. 发展定位

以环东山湾区域为核心，大力发展海洋经济，发展壮大石油化工、装备制造、食品加工等主导产业，形成全国重要的临港石化产业和先进制造业基地，建成海峡两岸合作先行区、海西区域性中心城市、国家级历史文化名城和生态宜居的田园都市。

#### 2. 功能分区

东山湾地区应重点发展石化和现代化装备制造业，大力发展港口物流业、滨海旅游业等现代服务业，培育壮大清洁能源、新材料、海洋生物等战略性新兴产业。东山湾区域应加强对石油化工、装备制造等产业的引导和控制，改造金属制品、建筑材料等传统工业，重点培育滨海旅游、海岛旅游和健康养老服务业等旅游业。九龙江入海口、东山湾湾口和湾顶、诏安湾湾口等海域以生态保护为主，重点保护红树林生态系统、珊瑚礁生态系统和海岛生态系统。

#### 3. 重点任务

产业与城镇发展。积极打造海西南部临港工业密集区、闽粤经贸合作区、台商投资密集区、东盟港口城市产业合作试验区、全国重要优质食品供应区以及全国特色滨海旅游休闲度假区。重点发展石化、机械装备、光电及玻璃新材料、海洋生物医药等产业，建设古雷世界级大型石化基地。积极承接台湾和珠江三角洲等地区产业转移，集聚发展高端临海产业，加快建成现代化的高端临海制造业基地、能源基地；积极培育发展海洋生物医药、海洋可再生能源、海水淡化与综合利用、游艇制造等海洋新兴产业，提升滨海旅游、港口物流等海洋服务业和现代海洋渔业。

改善旅游基础设施，提升东山生态旅游岛、漳州滨海火山国家地质公园旅游品牌，提高旅游服务品质。整合云霄、诏安、常山滨海山地生态资源，开发大乌山旅游区。强化海峡旅游博览会等海峡旅游交流合作的平台功能，促进海峡两岸旅游交流合作。漳州龙海-漳浦-云霄-诏安-东山农业区应重点发展特色生态农业，建设特优农产品和有机食品、绿色食品基地，尽量减少农药、化肥使用量，控制农业面源污染。合理布局海洋水产养殖，防止水产养殖自身污染，合理控制海洋渔业捕捞强度，实行休渔制度。

生态环境保护。重点保护漳江口红树林生态系统和东山珊瑚礁生态系统等。严格控制湾内围填海规模；加强港口航运区、旅游休闲娱乐区、农渔业区、工业与城镇用海区的统筹协调管理；加强水产养殖规模和品种管理，制定区域污染防控措施，促进东山湾水产养殖业健康发展；完善海洋保护区管理制度，加强各保护区生态环境保护力度，适时实施漳江口红树林国家级自然保护区生态修复，加强诏安湾湿地鸟类栖息地的保护与修复；科学有序地建设古雷港区，加大古雷石化基地生态环境风险控制，以陆源污染防治为重点，确保临港工业区入海排污口主要污染物浓度稳定达标，减少对东山珊瑚省级自然保护区和农渔业区的影响。

区域协调发展。抓住厦漳泉同城化发展机遇，主动加强与厦门的对接，融入区域、实现共赢发展，提高漳州在厦门湾乃至海西城市群中的地位。与厦门做好产业对接、项目对接，两市在交通枢纽、道路网络、轨道交通三个方面实现"一体化规划"，加强厦漳区域干线、厦漳第二海上通道、厦漳快速通道、城际轨道交通建设协调，加强港口、产业协作，完善九龙江环境保护与水资源利用协调。

## 9.3　福建沿海重点湾区管控要求

结合六大湾区的沿海工业区集聚现状及产业布局规划、港口航运现状及布局规划、海湾水质现状及主要环境问题，从生态环境保护、空间布局约束、污染物排放管控和环境风险防控四个方面，提出相应的管控要求。

### 9.3.1　环三都澳区

1. 管控目标

沙埕港内湾、三沙湾的氮磷含量超标严重，大部分海域水质处于劣四类，官井洋大黄鱼繁殖海洋保护区测点出现超标现象。交溪、霍童溪是三沙湾氮磷的主要来源，还存在养殖密度大、超负荷，养殖布局结构不合理，沿岸乡镇生活污水设施及管网建设滞后，入海排污口底数不清及直排海排污口超标排放等问题。三沙湾内五大工业板块及港口的发展将给海湾生态环境带来更大压力。需要合理协调工业港口发展、养殖与生态保护关系，以及军民用海关系。

### 2. 管控要求

1）生态环境保护

重点加强三沙湾内的官井洋大黄鱼繁殖海洋保护区（国家级水产种质资源保护区）、环三都澳湿地水禽红树林自然保护区（后湾片、云淡片、盐田片）、湾坞及沙埕港红树林的生态系统保护与修复。全面清退核心区和缓冲区内的水产养殖，实施增殖放流，保护和恢复大黄鱼海洋生物资源，保护滨海湿地，严禁捕猎珍稀鸟类，同时加大对外来物种互花米草的整治力度。

2）空间布局约束

清退环三都澳湿地水禽红树林自然保护区禁建区内不符合规定的现状建设用地；三都澳溪南组团（海西宁德工业区）和漳湾临港工业区填海造地，落实国家最新围填海政策，除国家重大项目外，全面禁止围填海，纳入围填海历史遗留问题清单的，则需要最大限度控制围填海，集约利用。优化大型液体散货码头的作业布局，其与官井洋大黄鱼保护区应符合安全距离的要求；控制漳湾大型冶炼项目规模，白马城区尤其是湾坞组团应限制冶金产业的过快发展；加强军民用海协调，军商结合；按养殖规划，湾内调整养殖布局，优化结构，积极拓展湾外养殖空间。

3）污染物排放管控

建立三沙湾排污总量控制制度，对交溪、霍童溪入海断面实行氮磷削减及总量控制，重点开展沙埕港内湾及三沙湾内的白马港、盐田港、漳湾、铁基湾、官井洋、东吴洋等劣四类水域综合整治。全面排查整治白马港、漳湾及铁基湾等沿岸非法、设置不合理及超标的排污口，规范排污口设置；加快沿岸生活污水处理设施及管网建设，提高沿岸生活污水收集处理率，沿海城镇生活污水执行《城镇污水处理厂污染物排放标准》（GB 18918—2002）中一级标准 A 标准，强化氮磷管控，确保稳定达标排放。加快三沙湾沿海工业园区的污水处理厂、配套管网及尾水排海工程的建设进度，污水处理设施应具备脱氮除磷工艺，适时取缔湾内井上排污口、贵岐排污口和下白石排污口 3 个临时排放口，结合海西宁德工业区（溪南半岛）的发展情况，适时实施下浒湾外深水排放，全面实现工业污水达标排放。三都澳 2020 年初完成超规划养殖全部清退，应强化管控违法违规养殖反弹回潮。沙埕港禁养区的水产养殖应限期搬迁或关停。湾内实行养殖总量控制，优化养殖布局、结构及品种，严控网箱养殖比例，规范水产养殖行为，发展生态健康养殖，推进标准化池塘改造和工厂化循环水养殖基地建设，推进养殖尾水综合治理达标排放，鼓励循环回用。

4）环境风险防控

加强区域环境风险防控机制和能力建设；加强对冶金、修造船行业及区域的环境安全监管和环境风险防控体系；建立健全港口码头及船舶溢油、化学品泄漏污染事故应急预案，提升船舶及港口码头污染事故应急处置能力。

### 9.3.2　闽江口区

#### 1. 管控目标

罗源湾"口小腹大"几近全封闭，不利于与外海间的水质交换及自净，无机氮和活性磷酸盐含量超标，主要来源于部分直排口超标排放、沿岸池塘养殖废水及沿岸生活污水直排；且各类工业区环罗源湾集聚发展，在新一轮港口和临海工业开发中，需要合理协调解决港航资源、临海工业发展与海域生态保护的关系，强化入海污染物管控。闽江是闽江口氮磷超标的主要来源，闽江河口湿地自然保护区测点出现超标现象，需要协调解决保护区与闽江口两岸港口发展问题。福清湾需强化海上网箱养殖及沿岸池塘养殖尾水的管控。木兰溪、萩芦溪入海河流是兴化湾氮磷的主要来源，同时兴化湾北岸江阴化工新材料专区的大力发展也给兴化湾带来更大的环境压力，需要加强港口航运区、农渔业区、临海工业区的统筹协调，强化入海污染物管控。

#### 2. 管控要求

1）生态环境保护

重点加强闽江河口湿地自然保护区和闽江河口国家湿地公园、长乐海蚌资源增殖保护区、福清兴化湾水鸟自然保护区及兴化湾三江口海域鳗鲡苗和缢蛏等天然苗种场的生态保护，保护湿地物种多样性，保障渔业资源自然繁殖空间，维护鸟类栖息环境，适时实施保护区生态环境修复，开展增殖放流活动，保护和恢复水产资源。严格管控在河口、红树林等重要湿地以及渔业资源自然繁育空间的开发活动。

2）空间布局约束

优化调整环罗源湾区域作为临港重化工产业基地的定位，官坂组团发展污染相对较低的石化中下游产业和精细化工产品，并适当控制其发展规模，不再扩大聚酰胺一体化及配套产业规模；松山片区取消不锈钢精深加工产业，禁止引进、建设集中电镀、制浆、印染、医药、农药、酿造等重污染项目。兴化湾北岸江阴港城临港产业化工区应重点发展以非炼化一体化的化工新材料为主导的产业链。罗源湾禁养区禁止开展水产养殖，湾内限养区不得开展网箱养殖。在福清湾、兴化湾积极拓展湾外养殖空间，在规划的养殖区和限养区开展水产养殖。

3）污染物排放管控

罗源湾实行入海污染物总量控制。罗源湾已实行网箱养殖全部退养，应强化管控防止网箱养殖回潮，在限养区内开展贝藻类养殖，合理控制养殖密度和规模，同时推进沿岸池塘养殖标准化改造，向循环水方向发展，强化养殖尾水综合治理，确保达标排放。完善环罗源湾区域的污水收集系统及污水处理设施建设，提高污水管网收集率，合理确定排放口位置，适时取缔湾内排污口，化工废水应全部引至湾外排放，严格污水处理厂尾水排放要求。强化现有超标排污口排查整治和入海河流起步溪综合整治。

建立闽江口入海污染物总量控制制度，对闽江入海断面实行氮磷削减及总量控制。积极推进入海排污口全面排查整治工作，规范入海排污口设置，清理非法和设置不合理的排污口，确保达标排放。加强闽江口沿海乡镇生活污水处理设施和污水管网建设，提高生活污水收集处理率，沿海县区城镇污水处理设施的建设水平达到《城镇污水处理厂污染物排放标准》（GB 18918—2002）中一级标准 A 标准。氮磷排放的重点企业将总氮、总磷作为日常监管指标。加强防治港口与船舶污染，加快船舶污染物接收处置设施建设，实现船舶污染按规定处置。加强闽江口沿海海漂垃圾整治清理。闽江口以北连江海域养殖水域应合理布局，优化养殖密度和结构。

福清湾内实行养殖总量控制，调整养殖布局和密度，优化养殖布局和养殖品种，规范水产养殖行为，实施生态养殖，浅海网箱养殖面积不得超过控制指标。积极推进标准化池塘改造和工厂化循环水养殖基地建设，强化养殖污染防治和养殖尾水治理监管。同时加强沿岸农村生活污水、生活垃圾的收集处理处置。

兴化湾实行入海污染物总量控制，湾内莆田境内萩芦溪、木兰溪入海断面实行氮磷削减及总量控制。加快推进兴化湾北岸江阴港城的江阴污水处理厂、配套污水收集管网和排海工程的建设进度。全面收集处理规划区内居民城镇生活污水。现有的工业区污水处理厂增加脱磷和脱氮设施，排放标准应提升至《城镇污水处理厂污染物排放标准》（GB 18918—2002）中一级标准 B 标准，城镇生活污水排放执行《城镇污水处理厂污染物排放标准》（GB 18918—2002）中一级标准 A 标准。西部产业区污水处理厂适时提升至《城镇污水处理厂污染物排放标准》（GB 18918—2002）中一级标准 B 标准，并实现深水离岸排放。湾内按照水产养殖规划开展水产养殖活动，严格控制养殖密度、品种及养殖方式，合理布局，严格控制网箱养殖规模，推进生态养殖。

4）环境风险防控

加强区域环境风险防控机制和能力建设；加强对化工、冶金等重点行业及区域的环境安全监管，建立"车间、厂区、区域"三级环境风险防控体系；按照福州市海域船舶污染应急预案，加强港口、码头、船舶污染应急处置能力建设，建立健全罗源湾、闽江口和兴化湾油品码头、液体化工品码头及运输船舶油品和液体化学品泄漏事故的防范与应急联动机制。临港的可门火电厂、江阴火电厂应加强余氯事故风险防范。针对鸟类、红树林生态系统等影响极大的保护群体，应建立独立的风险防范和应急响应机制，并配备专门的应急设备、设施。

### 9.3.3 湄洲湾区

1. 管控目标

湄洲湾水质总体良好，仅个别测点氮、磷超标，主要受邻近的超标排污口影响。湄洲湾功能定位为"产业型湾区"，湄洲湾石化基地将建设成为全国重要的临港石化产业基地，为此，需要关注未来石化等重化工特征污染物排放、海湾水产养殖与生态环境保护的矛盾问题。

2. 管控要求

1）生态环境保护

重点保护湄洲岛海洋特别保护区、湄洲岛国家海洋公园保护区。

2）空间布局约束

协调湄洲湾南北两岸合理布局，应按照"产业型湾区"的功能定位，突出为产业配套的生产性服务和生活服务职能，适度控制区域人口和用地发展规模。严格控制在湄洲湾内围海造地，以保证湄洲湾海域的纳潮量、海域环境自净能力和海洋环境质量。按照水产养殖规划，适度进行开放式养殖用海。随着湄洲湾港口码头建设及石化等临港重化工业的发展，适时调整水产养殖空间布局。

3）污染物排放管控

枫亭、石门澳、泉港、泉惠四大园区统筹优化设置排污口，实现深水排放。北岸东吴临港工业园区加快推进环湄洲湾北岸尾水排放管道建设，和东吴浆纸基地尾水排海工程一起实现湾外文甲外排污口深水排放。各园区污水处理厂严格规范废水排放标准，实行水污染物排放总量控制，泉港、泉惠园区应加强石油类污染物的排放总量控制。

4）环境风险防控

强化湄洲湾石化基地（泉港、泉惠、枫亭、石门澳片区）风险防控，南北岸分别建设区域环境应急中心和各园区环境应急机构，加强区内溢油和化学品泄漏等重大风险及危险化学品运输的管控与南北岸及各园区间的协调联动，形成区域环境风险联控机制，提升环境风险防控和应急响应能力。

### 9.3.4　泉州湾区

#### 1. 管控目标

泉州湾湾顶河口区水质氮磷超标严重，该区域也是泉州湾河口湿地保护区。晋江是泉州湾河口区氮磷负荷高的主要来源，同时晋江口、洛阳江口沿岸生活污水设施及管网建设滞后，入海排污口底数不清，直排海排污口超标排放等问题突出。泉州湾南北岸沿海工业区及港口发展与泉州湾河口湿地自然保护区保护之间的矛盾比较突出。深沪湾需要协调港口、养殖与海底古森林遗迹保护之间的关系。

#### 2. 管控要求

1）生态环境保护

重点保护深沪湾海底古森林遗迹国家级自然保护区、泉州湾河口湿地省级自然保护区、崇武国家级海洋公园保护区生态系统，严格执行保护区相关管理规定；开展泉州湾河口湿地省级自然保护区的生态修复，加大对外来物种互花米草的整治力度。

2）空间布局约束

加强港口航运区、旅游区、渔业水域和保护区的统筹协调。除国家重大发展战略规划要求外，禁止引入任何重大化工厂、石化基地等重污染企业进入石湖工业园区。泉州湾内港区逐步取消危化品装卸作业区和仓储功能，不再兴建煤炭等散货污染性泊位。秀涂人工岛应进一步论证填海规模，优化布局方案。养殖规划禁养区和规划范围外的海水养殖应予以退出，在泉州湾河口湿地自然保护区实验区和深沪湾海底古森林遗迹国家级自然保护区实验区内实行养殖总量控制，禁止新增养殖，禁止网箱养鱼、滩涂围塘等破坏景观、投饵性的养殖活动。

3）污染物排放管控

泉州湾实行污染物总量控制，对晋江入海断面实行氮磷削减和总量控制，全面排查整治晋江及洛阳江河口区沿岸超标、非法及设置不合理的入海排污口，加快沿岸区域污水管网、污水泵站和污水处理厂的建设，提高污废水收集处理率，汇水区域内的县级及县级以上城镇生活污水执行《城镇污水处理厂污染物排放标准》（GB 18918—2002）中一级标准 A 标准。泉州湾北岸的泉州台商投资区污水处理厂和玖龙纸业污水处理厂尾水利用泉州台商投资区尾水排海工程实现湾外深水排放。南岸石湖港工业园区污水处理厂与中心区污水处理厂尾水在湾口附近的石湖港 5 万吨级码头前沿深水排放，加强对园区各企业重金属、石油类的排放监控，重点排污企业要安装总氮、总磷在线监控装置；印染纺织等高污染行业，要严格执行相关排放标准，严禁超标排放。港区外排污水应依托周边区域污水处理设施集中处理，严禁直接排海。推进泉州市水产养殖规划实施，规划的养殖区重点调整养殖密度，优化养殖结构和养殖布局，推行生态养殖。

4）环境风险防控

严格限定港区运输和存储的危险品货种；加大船舶航行安全保障和风险防范力度。落实与港区油品和液体化学品事故污染风险相匹配的应急能力建设，制定突发环境事件应急预案，建立区域风险联防联控机制。

### 9.3.5 厦门湾区

1. 管控目标

从源头控制，海陆统筹、河海联动，实行流域-海域一体化管理模式，强化九龙江流域化学需氧量、氨氮、总磷、总氮以及厦门湾海域无机氮和活性磷酸盐等污染因子控制，实行氮磷总量削减。

2. 管控要求

深入推进九龙江—厦门湾污染物排海总量控制试点工作，厦门、漳州和龙岩3个地市协同推进九龙江流域、九龙江口和厦门湾生态综合治理。

1）生态环境保护

重点强化厦门珍稀海洋物种国家级自然保护区和九龙江口红树林省级自然保护区的保护与生态修复，保护中华白海豚、文昌鱼、鹭鸟、红树林等珍稀野生动植物和典型的海洋生态系统。

2）空间布局约束

九龙江北溪江东北引桥闸以上、西溪桥闸以上流域范围禁止新、扩建造纸、制革、电镀、漂染行业和以排放氨氮、总磷等为主要污染物的工业项目；湾内除国家重大项目外，全面禁止围填海；严格控制湾内砂矿资源开采范围及数量；逐步引导厦门湾沿海工业向岛外、市外转移，调整化工产业布局，引导化工企业向湄洲湾石化基地和古雷石化基地集聚，完成制造业产业空间的置换和优化。

3）污染物排放管控

开展九龙江口海湾综合整治，全面整治入海污染源，"一源一策"规范入海排污口设置，清理非法和设置不合理的排污口。全面整治水质劣于Ⅴ类的入海小流域。工业直排海污染源全部实现稳定达标排放，且满足排污许可证、总量控制等污染物排放控制要求，加强固定污染源氮磷污染防治，督促含有氮磷污染排放的工业园区、城镇污水处理厂、规模化畜禽养殖场（养殖小区）以及氮磷排放的重点企业将总氮、总磷作为日常监管指标。大力推进九龙江口和厦门湾范围内乡镇及以上城市建成区污管网工程建设，厦门市、漳州市县级以上城市污水处理设施的建设水平达到《城镇污水处理厂污染物排放标准》（GB 18918—2002）中一级标准 A 标准，并提高氮磷去除能力。重点开展厦门、漳州、龙岩三地城乡生活污水、生活垃圾、工业企业、畜禽养殖等流域污染源以及船舶、码头等海域污染源综合整治。厦门境内海域范围内禁止养殖；漳州境内海域限制养殖，按照养殖规划，严格控制养殖密度，合理布局，实行生态养殖，养殖池塘推进标准化改造，加强养殖尾水治理监管；湾口东北部位围头湾（泉州境内海域）禁止网箱养鱼、滩涂围塘等破坏景观、投饵性养殖活动。

4）环境风险防控

加强船舶港口码头污染防治，依法强制报废超过使用年限的船舶，提高含油污水、化学品洗舱水等接收处置能力及污染事故应急能力；建立健全船舶等海上作业活动、溢油、危险化学品泄漏、赤潮等的风险防范和应急管理机制。

### 9.3.6　东山湾区

#### 1. 管控目标

旧镇湾、诏安湾、东山湾主导功能是水产养殖，养殖密度过大，养殖布局结构不合理，池塘养殖生态化程度较低，湾内氮磷负荷高，以诏安湾最重，水质最差。东山湾内有重要渔业资源保护区，湾顶、湾口分别有漳江口红树林国家级自然保护区、东山珊瑚省级自然保护区分布，湾口东面的古雷石化基地将作为世界级石化基地集聚发展，为此，东山湾需要统筹协调古雷石化基地发展与海水增养殖、保护区生态保护的关系。

#### 2. 管控要求

1）生态环境保护

协调漳州古雷石化基地产业发展与东山湾生态保护关系，加强对珊瑚礁、红树林等区域特有生态系统和生物资源的保护，确保区域重要生态功能不降低。加强对东山湾渔业资源保护区、东山珊瑚省级自然保护区、漳江口红树林国家级自然保护区及其周边海域环境的长期动态跟踪监测和评价。加强诏安湾、东山湾、旧镇湾重要滨海湿地的保护与修复。

2）空间布局约束

东山湾内审慎实施古雷石化基地围填海规划，鼓励重化工朝湾口布置，减少湾内围填海需求，严格落实国家最新围填海政策，除国家重大项目外，全面禁止围填海；强化古雷作业区西港区管理，禁止附近港区排放污水。对古雷石化基地尾水入海排污口、温排水排放口周边 2 km 范围海域进行管控，禁止开展养殖捕捞等生产性作业。旧镇湾、东山湾及诏安湾推进水产养殖规划实施，严格落实禁养区、限养区及养殖区的养殖布局要求，禁养区内的水产养殖实行限期搬迁或关停，积极拓展湾外养殖空间。东山湾内不符合渔业水质标准的水域，不得从事养殖生产活动。

3）污染物排放管控

东山湾、诏安湾实行入海污染物总量控制。基于产业发展需求，保证古雷石化基地工业污水处理厂、污水管网、中水回收系统、尾水排放工程等环境基础设施先行建设，提高污水收集率和中水回用率；石化产业、炼油乙烯及石化中下游等重大项目工业废水在厂内部应做分流处理，园区污水厂进一步采取中水回用等措施，削减入海污染物，东山湾湾内和湾口不得设置排污口，污水处理厂外排污水均纳入浮头湾规划的排污特殊利用区深水排放，雨水排放口也设置在浮头湾一侧。加强非常规污染物、有毒有害和持久性污染物的防治，强化浮头湾已有排污口及拟设排污口近岸海域污染监测，跟踪监测入海污染源、港口与航运流动污染源，监测主要污染物排放总量，确保达标排放。提高沿岸生活污水收集处理率，汇水区域内的县级及县级以上城镇生活污水执行《城镇污水处理厂污染物排放标准》（GB 18918—2002）中一级标准 A 标准。按照养殖规划，科学调整东山湾、诏安湾及旧镇湾内水产养殖品种、结构和密度；限养区内严控网箱养殖比例，加快现有养殖设施的升级改造，实施生态养殖。重点加强对连片水产养殖区、沿岸海水养殖（池塘养殖、工厂化养殖等）的养殖尾水和废弃物排放的监管整治。

4）环境风险防控

强化古雷石化基地风险防范，建立健全涉及有毒有害和易燃易爆物质的使用及贮运等的建设项目的环境风险防范措施与应急计划，并将其纳入区域应急计划体系中。防止油品和化学品泄漏等事故对东山湾及周边环境敏感海域造成污染，加强区域应急物资调配管理，构建区域环境风险联控机制，全面提升区域环境风险防控和应急响应能力。

# 第10章　国内外海岸线资源管理的理念与实践

## 10.1　国外海岸线资源管理的理念

### 10.1.1　海岸线资源管理政策

海岸带区域作为陆地和海洋的交界区域，兼顾了陆地和海洋两种经济发展特征，是陆海沟通的中介区域，因此其也是社会经济发展的高值区。然而，海岸带区域由于社会、经济、自然等方面的原因，它的生态环境相对脆弱，如果在岸线资源开发过程中没有依据合理的规划和专业的指导，忽视生态环境保护和自然资源合理利用，将会对沿海岸线区域的人民生活和社会经济发展带来较大的负面影响（刘百桥等，2015；杨桂山等，1999；虞孝感，2003）。

西方国家对海岸线资源的关注较早，在几十年的海岸线资源管理过程中，西方国家大多是自上而下的管理脉络。例如，美国于1972年颁布了《海岸带管理法》，这一法案确立了美国海岸线资源开发保护的总体目标和基本原则，其中最为重要的是，确定了"海岸线资源管理"一致性条款，为各州在海岸线资源开发管理时申请联邦资助提供了法律依据。《海岸带管理法》这一法律措施鼓励各沿海州政府开展海岸线资源开发与管理工作，迄今为止，美国所有沿海州都已经建立起常设的海岸线资源管理部门，各个州定期向美国国家海洋和大气管理局提供其海岸线资源开发与管理状态，以及措施实施效果。欧洲国家对岸线资源的关注也较早，欧盟的前身欧共体于1978年公开发布了《欧共体的海岸带综合管理》，倡导欧共体内部各个国家和地区整合建立专业的海岸线资源综合管理机构，构思和撰写海岸线资源综合开发管理规划。2002年，欧盟又发布了《欧洲议会和欧盟理事会建议》，对于海岸线资源的管理和开发提出了相关的八项基本原则及八项战略措施。在欧盟框架内，虽然《欧洲议会和欧盟理事会建议》对各个国家没有强制约束力，但已经得到欧盟成员国的一致采纳，现今已经成为欧盟内部各个成员国在实施岸线资源开发前，制定相关政策和规划的基础支撑。

西方国家的海岸线资源开发管理政策的制定者认为：只有在全面考虑海岸线资源各个利益相关者的利益诉求、利益冲突原因、利益冲突表现形式的基础上，建立有效的利益冲突解决机制，才能顺利对岸线资源的人类活动进行综合管理，实现海岸线资源的最大化开发与利用。20世纪90年代，经过近20年的岸线资源管理实践，西方发达国家通过总结经验，认为应该将岸线资源所有利益相关者加入岸线资源开发管理政策或规划的制定和实施上。这种以国家层面制定规定，地方或个体层面积极参与的岸线资源管理模式可以使国家集中人才、资源、精力制定完善的海岸线资源开发与管理方案，同时也能激起地方或个人对海岸线资源开发与管理的积极性，通过他们积极的实践与反馈，制定符合实际、可操作程度高的海岸线资源开发与管理方案或规划。

西方国家认为行政手段虽然是海岸线资源开发与管理的重要手段，但其并不是唯一或主要的手段，行政手段过多、政出多门甚至会影响海岸线资源的综合开发与管理方案或规划的成功实践。例如，1996 年欧盟发起了海岸线资源综合管理示范项目，通过总结欧盟国家近几十年来岸线资源开发管理的实践经验，认为欧盟制定海岸线资源开发管理方案与欧盟成员国的相关法规有时会出现冲突，行政手段运用失当将会造成政策实施效果大打折扣。在西方发达国家的海岸线资源管理理念中，由于海岸带的区域性特征的复杂性，发布的海岸线资源相关法律和政策并不是刚性的，而是具有一定的弹性，留有较大的操作空间。同时，为了协调海岸线资源开发管理各个利益相关者的利益诉求，西方发达国家在制定本国海岸线资源综合管理法案或政策之前，一般都会进行一定时间的地区性试验，经过反馈修改的过程，再进行正式发布。例如，1996 年欧盟委员会为了提高欧洲海岸线资源的开发管理效率，实施了一个由 35 个国家或地区参与的为期 3 年的"海岸线资源综合管理"项目，旨在验证海岸线资源开发管理法案的可行性。在总结 3 年试验结果的基础上，欧盟提出：各个欧盟成员国应采取环境友好、经济可持续、社会和谐和文化保护的海岸线资源管理模式，以及相关的八项海岸线资源管理措施。

### 10.1.2 "陆海统筹"战略框架下的海岸线资源管理评价

欧美国家认为，海岸线资源开发与管理是一个复杂的议题，不但是对港口码头建设、自然栖息地保护、城镇生活排污管控、旅游休闲设施管理等各种复杂问题的协调和解决，而且还需要构建一套完善的管理体系，能够有效反馈海岸线资源的开发状态和管理效果，评估海岸带地域内的社会经济自然现状和发展态势，为修正和完善海岸线资源管理的目标与管理方式提供依据，以达到海岸线资源的高效利用（段学军等，2020）。

欧美国家的海岸线资源综合管理的评估主要有以下两种类型：第一类是对海岸线资源管理过程的评估，对各个国家或地区海岸线资源管理制度和管理体系的发展水平做出评价，分析其在海岸线资源管理过程中的整体措施是否发挥效果，而且能够根据现今海岸线资源管理政策的实施情况，对下一阶段海岸线资源管理中出现的问题做出预判并提供解决方案。第二类是对海岸线资源的管理成效的评估，如果制定了相关法律，则需要进行立法效果评估，如果制定的不是法律规范，则需要进行对实施效果的评估。

海岸线资源的综合管理成为一种多行业交叉、动态的、弹性规划的非线性过程。美国的海岸线资源综合管理研究者奥尔森认为，一个典型的"海岸线资源综合管理"过程需要 8~15 年的时间才能从问题确认阶段过渡到评估阶段（Olsen，2003）。海岸线资源综合管理的过程一般包括以下 5 个层层递进的阶段：阶段一，对区域海岸线资源综合管理划定底线；阶段二，在海岸线资源综合管理底线的基础上形成包含不同功能模块的海岸线资源综合管理的基本框架；阶段三，海岸线资源管理机构业务范围趋于综合，利益相关者开始参与岸线资源管理决策的制定和实践；阶段四，海岸线资源管理机构管理措施、评估能力、规划水平趋于完善；阶段五，海岸线资源管理得到充分应用，海岸线资源得到充分利用（Pickaver et al.，2004）。

西方发达国家因为海岸线资源管理工作开展较早，大多数已经进入阶段四，海岸线资源管理水平相对完善。在评估体系上，欧盟从 1996 年开始的"海岸线资源管理实验项目"为建立评估体系（评估体系的建立只是该项目的一项内容）提供了重要经验。在此基础之上，欧盟从海岸线资源管理过程角度出发，建立了包含 5 个维度 26 个指标的评估体系，用来评估欧盟国家海岸线综合管理实施过程中的体制机制效应。同时，又从海岸线资源的管理结果成效出发，选取 27 个相关指标，评估欧盟成员国海岸线资源永续发展程度。这两个指标体系为欧盟海岸线资源管理的制度和绩效提供了一种普适性地评估和报告的指标体系框架。

美国对海岸线资源管理绩效评估的实施起始于 2001 年，随着岸线资源的持续性开发，在岸线资源管理中出现了一些社会和经济问题，因此美国社会各界对评估海岸线资源管理绩效的呼声很高，在国会的要求下，美国国家海洋和大气管理局开始就现实问题着手搭建一套海岸线资源监控管理范围以及海岸线资源管理政策或法规实践绩效的评估指标体系。美国国家海洋和大气管理局委托约翰·海因茨三世科学、经济和环境研究中心对评估体系进行构建，经过相关专家的研究和探讨，2001 年该中心制定出了一套初步评估框架。2004~2005 年，为了检验该评估框架的可行性，以 7 个州的海岸带地域为实验对象，对相关的海岸线资源管理项目进行评估，根据这些样本地区实验项目的反馈，美国国家海洋和大气管理局的海洋与海岸资源管理办公室再对这个评估体系进行修订。基于这个评估体系，2006~2009 年各个州相关部门再基于为期三年的阶段性海岸线资源管理绩效的评估方法向美国国家海洋和大气管理局提供相关数据。2009 年，美国国家海洋和大气管理局根据这三年所获得的数据，以及管理反馈，再对海岸线资源管理评估体系进行整理修改，形成了正式的海岸线资源管理实施评估体系。总体来看，美国的海岸线资源管理评估体系主要包含两个部分：第一部分，制定《海岸带管理项目战略规划》，在这个规划框架内，列出美国的海岸线资源管理的要点和需要解决的重大问题；第二部分，各个州海岸线资源管理相关部门根据海岸线资源管理的评估体系内容向美国国家海洋和大气管理局提供本州海岸线资源管理项目的实践效果。

总而言之，欧盟对岸线资源综合管理的评估分为管理进程评估和管理结果评估，美国则是对各个州的海岸线管理项目实施情况进行评估。虽然两者在海岸线资源综合管理的评估形式上有一定的差异，但其实质内容较为相似，评估内容主要包括海岸带的经济、环境、行政管理以及社会情况，详细内容如下。

（1）海岸带区域的经济建设与发展。在经济方面，海岸线资源管理评估的主要内容包括：是否促进海岸带区域经济发展、海岸线资源是否得到合理利用、海岸线资源开发程度是否提高。其中包含的指标有：人口数、住宅数量、游艇数量、停泊设施数量、海岸带区域公路状况、建设用地面积、农业用地面积、渔业产值、渔业捕捞量、淡水资源消耗量、海岸线长度、规划或建设中港口数量、各个港口游客出入人次和货运总量、短程海上运输所占百分比、海岸线旅游资源发展水平及未来发展潜力等指标。

（2）海岸带区域的生态环境保护。在生态环境方面，海岸线资源管理评估的主要内容包括：海滩清洁度、海岸线周边水资源是否被污染、海岸带区域生物多样性、海岸带地区生态系统稳定性、海岸带区域自然灾害防治工作是否开展。其中，欧盟对气候变化相对关注，专门强调了气候变化对海岸线资源的影响，海岸线管理评估还增加了应对因气候变化而引起的海岸带生态系统危机的预案能力。

（3）海岸带区域的行政管理情况。在行政管理方面，海岸线资源管理评估的主要内容包括：海岸线资源利益相关者参与度，海岸带区域社区对海岸线资源管理的参与度，是否能够制定具有可行性、连贯的、参与式的综合规划或管理方案。

（4）海岸带区域的社会情况。在社会层面，海岸线资源管理评估的主要内容包括：是否改善底层居民受到的社会排斥、是否对海岸带区域的社区发展起到推动作用、海岸线资源管理相关的宣传与培训的实施力度。对这些内容实施评估的具体指标有：当地家庭收入、家庭人口中高学历比例、刑事案件数等。

总体而言，西方国家的岸线资源管理评估体系是一种对地方海岸线资源管理水平的定性评估，虽然该评估体系中也包含了一些量化评测指标，但并没有给出量化的考核指标，这对海岸线资源评估体系的精准性和可操作性产生影响。不过这些海岸线资源管理评估的框架体系制定依然意义重大，因为这些评价体系可以为海岸线资源管理的后发国家提供极其重要的参考。

### 10.1.3　生态系统与社区合作相结合的海岸线资源管理模式

欧美国家的海岸线资源管理模式一般有以下三种：基于生态系统的海岸线资源管理模式、基于社区的海岸线资源管理模式和基于合作的海岸线资源管理模式。

①基于生态系统的海岸线资源管理模式，这是一种源于海洋管理，随后引入岸线资源管理的方式，不同于以往孤立地研究自然资源的方式，该模式从生态系统完整性出发，重视对自然资源的综合管理，强调合理获取海岸线资源（Leech et al., 2009）。基于生态系统的海岸线资源管理模式的内涵是，人类是生态系统中的重要组成部分，管理对象是人类活动。人类在海岸带地域的活动对该地域生态系统的影响，不是单纯地指当地的生态系统。在海岸线资源管理边界上，是以一个完整的生态系统的边界作为重要参考，而不是以往的行政边界。因此，基于生态系统的海岸线资源管理模式需要不同区域、不同机构之间的深度合作，或者建立跨区域的管理体制。同时，在具体管理细节上，基于生态系统的海岸线资源管理模式重视相关科学技术的应用，强调"风险预防原则"，使人类活动对岸线资源造成的影响达到最小。②基于社区的海岸线资源管理模式，在西方发达国家中应用广泛，被学者认为是相对可靠、成熟的海岸线资源管理方案。特别是在对海岸线资源进行价值评估时，海岸带居住者对区域海岸线资源相对熟悉，能够准确描述其数量特点，能够帮助海岸线资源管理部门制定合理的政策和规划。③基于合作的海岸线资源管理模式，其核心内涵在于所有海岸线资源管理利益相关者均应进入海岸线资源管理框架内，进行利益博弈和对话。其主要特点为：海岸线资源管理的所有利益相关者均应有对海岸线资源管理方向、规划、政策的发言权；当地政府扮演仲裁的角色，负责协调各方诉求，以及总体法案的制定和发布；区域的社会功能和文化功能也是管理需考虑的一部分。

　　总而言之，这三种海岸线资源管理模式的管理侧重点存在较大的区别。基于生态系统的海岸线资源管理模式以海岸带生态系统的稳定性和完整性为第一要务，而基于社区和合作的海岸线资源管理模式是从充分利用海岸线资源、提高规划和决策的可操作度出发，实现区域社会经济的稳步发展。

　　从人类发展的长远角度出发，基于生态系统的海岸线资源管理模式是最为合理的海岸线资源管理模式，这种管理模式特别适合我国的海岸线资源多头管理的现状，可以有效统筹各个海岸线资源管理部门。海岸线管控措施可以从两个方面着手：一方面，从海岸带区域的生态系统稳定性和完整性出发，通过详细调研和专家论证，制定海岸线资源管控措施的细化目标；另一方面，从管理体制机制出发，在既有海岸线资源管理分工的基础上，建立一个国家层面的协调机构，负责协调各个海岸线资源管理机构在执行政策时出现的矛盾冲突，建成一个高效、可操作性的协调机制。同时，这个协调机构可以通过设置顾问委员会，由各个地方涉海政府部门、相关专家、非政府组织、其他利益相关个体组成，为该国家层面的协调机构提供决策依据和参考。

### 10.1.4　海岸线资源管理的公众参与和教育培训

西方发达国家重视公众参与海岸线资源的开发与管理的过程。欧美相关学者认为，海岸线资源的综合开发与管理机制的建立并不仅仅是社会管理要素、经济管理要素、环境管理要素的简单结合，其实质是涉及海岸线资源充分开发、经济发展可持续进行、气候灾害有效预防、淡水资源保障保护、人文景观风俗保持等的综合动态运行机制。所以，西方国家大多在海岸线资源管理的法规上明确规定，地方海岸线资源管理规划和方案的制定和实践应有利益相关者、学者、政府等行为主体参与，以实现海岸线资源的充分利用。

欧盟将"在海岸线资源综合管理规划制定和实践期间，是否确保公众充分参与"作为评估地方海岸线资源管理进程的重要考核点。美国颁布的《海岸带管理法》建立了确保公众参与海岸线资源管理活动的听证会制度，强制规定各个州应建立岸线资源管理的听证会流程，将公众是否充分参与作为考核各州海岸线资源管理项目实施绩效的重要考核标准。印度尼西亚在 2007 年制定的《海岸带和小岛管理法》中明确规定，各级地方政府应建立囊括中央政府、地方政府、大学、非政府组织、学者的协调机构，使海岸线资源管理利益相关者的参与最大化。同时，印度尼西亚为了提升海岸线资源管理规划的质量和可实施性，在《海岸带和小岛管理法》中还将实施相关科学技术的研究、相关人员的培训作为地方政府的必须职责。

西方国家对公众参与海岸线资源管理的相关实践和教育培训也相当重视。在20 世纪 90 年代，随着欧洲国家海岸线资源管理项目的逐渐增多，以及与海岸线资源管理相关的大学教育课程增多，欧洲非政府组织催生出许多自发的针对海岸线资源管理的教育和培训课程。2010 年，西班牙学者对 9 个欧盟成员国进行海岸线资源管理的教育和培训调查，据不完全统计，这些国家的学校或培训机构有 82门海岸线资源管理教育课程或培训（Garriga and Losada, 2010）。这些教育课程和兴趣培训对欧盟国家海岸线资源综合管理的推动起到至关重要的作用。同时，美国对公众参与海岸线资源管理教育和培训也相当重视，教育和培训数量以及参与者人次已经列入评估当地政府在海岸线资源管理中"政府合作和政策制定"的重要定量标准。

海岸线资源开发与管理理念和内容有其复杂性和多样性，公众积极参与海岸线资源管理培训和教育，在区域海岸线自然环境资源开发、管理与保护的参与程度的增加，对区域海岸线资源的充分合理利用大有裨益。因此，在我国的海岸线资源管理实践中，应重视社会监督机制，积极吸引不同行为主体参与到海岸线资源管理中去，拓宽意见反映渠道，使各个不同利益相关者对海岸线资源开发与管理的想法和意见得到充分沟通，这样可以提高社会对海岸线资源开发利用的认同感和积极性。

# 10.2    国外海岸线资源的管理经验

## 10.2.1    美国海岸线管理经验

### 1. 美国海岸线资源管理体制建立过程

美国幅员辽阔，横跨两大洋，是一个陆海兼备的国家，东临大西洋，西接太平洋，群岛众多，海岸线总长达 22 680 km。美国一共有 50 个州和 1 个特区，其中 30 个州滨海，占总数的 60%左右。美国海岸线资源丰富，海洋经济处于世界前列，因此美国是世界上最早开始对海岸线资源进行管理的国家。美国对海岸线资源的管理可以追溯到 20 世纪 30 年代，当时美国就提出"对伸到大陆架外部边缘的海洋空间和海洋资源区域，采用综合管理方法，把某一特定空间内的资源、海况，以及人类活动加以统筹考虑"。这种管理方法能看作特殊区域管理的一种发展，也就是说，把整个海洋中的某个重要部分视为需要关注的特别区划。20 世纪 70 年代以后，与西方发达国家发展状况类似，美国的海岸带地区出现了一系列社会、经济、生态问题，如人口密度过大、海岸线资源开发利用不合理、生态系统遭到破坏等。基于现实存在的问题，1972 年美国国会颁布了《海岸带管理法》，这标志着海岸线资源综合管理成为政府的职权和责任，美国的海岸线资源开发管理迈向新的台阶，也间接推动了国际上海岸线资源管理的发展。

美国的海岸线资源管理历程可以分为三个发展阶段：

（1）起步阶段。从 20 世纪 70 年代开始，美国各个州的州议会开始陆续颁布海岸线资源管理相关法律，建立州属海岸线资源管理机构，上马海岸线资源管理规划。例如，罗得岛州作为美国最早开始实施海岸线资源管理规划的州之一，早在 1971 年，州议会就批准通过了一项海岸线资源管理法规，借此机会，罗得岛州成立了海岸带资源管理委员会，赋予相关权力，编制规划，管理海岸线资源；佛罗里达州的海岸线资源管理相关立法于 1970 年首次被州议会通过，并组建海岸带资源协调委员会；1977 年圣弗朗西斯科湾岸段的海岸带管理规划被美国商务部批准，这是美国第一个被联邦政府批准的海岸线资源管理规划。

（2）调整阶段。经过约 10 年的海岸线资源管理实践，在海岸线资源管理过程中也出现了一些问题。20 世纪 80 年代，美国滨海州的海岸线资源管理部门主要根据海岸线资源开发与管理过程中出现的问题，以及执行规划中的经验教训修改开发管理指导方针，主要是增加了相关政策的实施重心和规划期限的调整。例如，北卡罗来纳州对该州的土地利用规划做出了修改，罗得岛州对《潟湖区特殊地区海岸管理规划》进行修改，并提出修正案等。

（3）深化发展阶段。从 20 世纪 90 年代开始，美国各个滨海州的海岸线资源管理进入了深化发展阶段，这一阶段的特点在于州政府开始重视对某一区域海岸线资源开发项目的影响评估，使海岸线资源开发规范化，将海岸线资源的开发管理纳入整个区域的综合规划中，大部分滨海州均实施了类似的相关政策。进入 21世纪，美国的海岸线资源管理项目涉及海岸带防灾预警、生态系统保护、都市滨海区合理开发、面源污染和点源污染治理等相关管理类问题。海岸带管理规划是美国海岸线资源管理的基本表现形式，经过近 50 年的运行，美国的海岸线资源管理在土地利用法规、自然资源保护、公众通道、都市滨水区再开发、减灾、资源开发，以及港口和游船码头方面取得了重大成就，基于拨款和组织激励相结合的方式，美国形成了海岸线资源管理协作网络，相邻滨海州可以通过相互协作的方式使海岸线资源开发利益最大化。

2. 美国海岸线资源管理的特点

1）政治、经济、行政与联邦一致性的综合立法形式

在西方发达国家中，美国对海岸线资源管理的立法相对较早。在早期，相关海岸线资源管理法律法规只是目标单一的部门性单项法规。由于 20 世纪 60～70年代美国滨海的生态环境恶化加剧，只依靠各个部门的单一性部门法规对生态环境进行整治已经不能适应环境恶化的严峻形势，基于此，美国开始了海岸线资源管理立法从形式上的单项性部门立法向综合性部门管理立法的转变，《海岸带管理法》应运而生。《海岸带管理法》由美国国家海洋和大气管理局的海洋与海岸线资源管理办公室负责进行实践。《海岸带管理法》经历多次修改，1976 年首次修订，1980～1985 年美国国会又进行审核修改，1990 年美国国会再一次对其进行审定，经过多轮修改，美国海岸线资源管理的调控能力大大加强。美国《海岸带管理法》的核心内容和政策有以下 4 点：

（1）对海岸线资源进行防护、保全，在条件允许的情况下使其增加恢复；

（2）扶持美国滨海各州对海岸线资源管理相关基础设施和法律法规的建设，使其具备能够履行保护海岸线资源的能力；

（3）加强联邦政府海岸线资源管理相关部门与州政府海岸线资源管理相关部门的沟通协作；

（4）积极建立民众、州政府、联邦政府关于海岸线资源管理的沟通机制，使民众、州政府、联邦政府共同参与海岸线资源的开发与管理，制定海岸线资源开发管理规划，鼓励各州和各地区之间的通力协作，达成州际或区域性共识，制定沟通合作机制，在关于海岸线资源管理问题上采取联合行动。

因此，《海岸带管理法》的批准，使得美国海岸线资源管理的综合性趋势增大。在行政管理上，美国国家海洋和大气管理局代表联邦政府向各州政府提供专项联

邦基金，以海岸线资源管理项目的形式下发给各个州，各个滨海州的海岸线资源管理项目必须对国家的利益进行充分关注，并在海岸线资源开发与管理内容中有所体现，而联邦政府则应基于《海岸带管理法》实施管理，其行为方式应与州的海岸线资源管理项目保持一致，不随意干涉各州对海岸线资源管理的实施，但每两年可对州的海岸线资源管理项目执行情况进行评价。《海岸带管理法》的颁布目的不是为了解决海岸线资源开发中所存在的所有矛盾，而是建立一个框架体系，实现海岸线资源开发利用有法可依、走向正轨，实现海岸线资源开发过程的有序进行，避免出现生态环境破坏和人类活动受限的情况。

2）海岸线资源用地的多样化管理

美国在海岸线资源的开发管理实践中形成了多种土地利用方式，最为典型的有两类，一类是按照功能划分，另一类是按照海陆性质划分。

按照功能划分的典型代表是加利福尼亚州奥兰治县的纽波特比奇市。纽波特比奇市管辖范围内有 54 km$^2$ 的海域面积和 2743 m 的海岸线，该市有 26 km$^2$ 的土地位于海岸带范围内，集中了该市大部分的 GDP，是居住、商业、消费、娱乐的聚集地。随着城市的发展，海岸带区域开发趋于饱和，市政府开始着手制定海岸线资源开发与管理规划，希望在保持城市生态环境的同时能够容纳更多的城市人口。纽波特比奇市根据使用功能划分原则将用地划分为 7 个大类：居住区、商业区、工业区、公共空间、商务办公区、空港区、混合功能区。值得一提的是，纽波特比奇市的用地区划为了突出海洋的作用，依据所处位置和商业或居住特点对混合功能区中的滨水混合区进行了再分类（文超祥等，2018），这样的区划，可以将居住功能、商业功能、办公功能相融合，避免了功能分化、职住分离的问题。

按照海陆性质划分的典型代表城市是加利福尼亚州的圣芭芭拉市。圣芭芭拉市的陆域用地分为两层级：第一层级的土地使用功能划分为居住区、工业区、商业区、农业区、特别区和其他地区 6 个类型；第二个层级是依据当地具体土地使用的情况将第一层的大类划分为若干个小类，如工业区进一步划分为轻工业区、一般工业区、工业研究园、涉水工业区、海洋相关工业区 5 个区。圣芭芭拉市的滨海区域或海岸带区域的用地分类与陆域的大致相似，只是根据海岸带区域的具体情况对分类进行了增删，如工业区删除了轻工业区、一般工业区，而其他地区类型则增加了资源管理用地和交通走廊（文超祥等，2018）。

3）海岸线管理区域分异明显

美国拥有漫长的海岸线，东西海岸线、南北海岸线生态环境差异巨大，既有亚热带的珊瑚礁，也有北冰洋的冰川，美国海岸线自然条件具有多样性。美国联邦政府在要求各个滨海州的州立海岸线项目在满足《海岸带管理法》的基本理念和目标的同时，也要因地制宜根据各个州海岸线自然环境特点选择各自的海岸线管理重点。美国不同州的海岸线资源管理的地理边界、重点管理对象、管理结构均不尽相同(表 10.1)。可以看出,各个滨海州在实施海岸线资源管理时重点不同,划定的海岸线资源范围也有区别,没有一个海岸线资源管理规划是全面的,所有的政策实施都是针对各州海岸线资源的特殊情况和需解决的问题。在美国,每一个涉海州都要根据自己的环境和政治背景调整海岸线资源管理规划的内容,这对于实施联邦制的美国是有意义的。

**表 10.1　美国部分州海岸线资源管理概况**

| 地区 | 管控范围 | 管理重点 | 管理机构 |
|---|---|---|---|
| 阿拉斯加州 | 向海:离岸 4.8 km 的海域。向陆:有影响开发项目所必要的范围,在某些情况下可沿着溯河鱼类流系的方向向陆延伸 3.2 km | 鱼类和野生动物 | 海岸政策委员会 |
| 北卡罗来纳州 | 具有与大西洋、河口湾或受潮汐影响水域相邻的县 | 控制灾害高发区域的开发 | 海岸资源委员会 |
| 新泽西州 | 所有有潮水域、海湾、大洋水域及平均高潮位向陆 30～152 m 的高地狭带;在其他地方自高地海岸边界向内陆延伸至少 1.6 km,最多 32 km | 保护海岸和大洋水质 | 州环境保护局海岸资源处 |
| 罗得岛州 | 4.8 km 内的领海但不包括渔业,从沿海地形向岸边界和向内陆边界延伸 61 m 的区域 | 区域生态系统 | 海岸资源管理委员会 |
| 佛罗里达州 | 陆界:州的全部陆地面积。海界:向东延伸 5.56 km,在墨西哥湾向西延伸 6.68 km | 基于动植物栖息地的国土利用 | 部门间海岸管理委员会 |
| 夏威夷州 | 州属水域和除州森林保护区以外的所有陆地区域 | 提供和保护娱乐资源 | 规划与经济开发部 |
| 南卡罗来纳州 | 8 个沿海县,包括潮间带、海滨、原始海滨沙丘和沿岸水域 | 水质、湿地、海滨、沙丘保护海岸理事会 | 海岸带管理委员会 |

4)广泛的利益相关者参与

美国的《海岸带管理法》对民众参与海岸线资源管理方面非常重视,相对具体地规定了民众参与海岸线资源管理的要求。同时,进行海岸线管理规划编制的政府规划人员、相关学者和相关律师也认识到民众参与海岸线资源管理的必要性。在美国的海岸线资源管理实践过程中,民众的参与往往为利益相关者的谈判和矛盾的解决提供了条件,较大地促进了海岸线资源管理规划的推动和实施。为了确保各个州的海岸线资源管理项目的顺利实施,实现海岸线资源开发利益最大化,相关部门会与当地的社会组织、企业、利益相关个人等利益相关者对话,利用现场讨论会、问卷调查、报纸和互联网的形式向民众传输海岸线资源管理的理念和规划,引导利益相关者特别是民众广泛参与。民众可随意参与到某一具体海岸线资源管理项目,并发表意见而不受约束,这是美国海岸线资源管理的国家特色所在。以南卡罗来纳州为例,民众可以从以下几个方面参与海岸线资源管理项目:

（1）民众可以对海岸线资源管理项目的申请文件进行审阅检查；

（2）只需聚齐 20 名以上公民，即可召开海岸线资源开发相关的听证会，这个听证会的召集方为南卡罗来纳州的海岸理事会；

（3）海岸线资源管理项目许可证申请文件中必须附有将申请的情况公告的报纸复印件。

### 10.2.2　韩国海岸线管理经验

韩国是一个半岛国家，海岸线长度为 14 000 km，其管辖海域为 44.4 万 km$^2$，韩国西海岸是淤泥质海岸，具有世界上少有的广阔滩涂，东海岸水深而清，沙滩平直漫长，适合建设海水浴场等观光地，南海岸分布着许多岛屿，港湾密布、岸线曲折，适合生物产卵、栖息。

在 1980～2018 年，随着韩国社会经济的高速发展，人口密度增加，产业链扩张，在韩国政府以经济增长为主导的政策引导下，海岸线资源的不合理开发现象加剧，出现了一系列海岸线资源超载开发的乱象，如工业园盲目开发、无规划地围海造田、污染物随意排放等现象，超过了区域海岸带生态环境的净化能力；韩国沿海拥有全国一半的工业园区及发电厂，再加上围海造田、围海建市的现象，造成区域海岸带生态系统被破坏，赤潮频发，垃圾遍布。随着海岸线资源开发压力的增大，围绕海岸线资源开发与保护这一问题，韩国的中央政府、社会组织、环境保护人士各持不同的观点，分歧较大，海岸线资源开发管理处于停摆状态，这成为社会问题。为了解决韩国海岸线资源无序开发利用的乱象，韩国政府以学术界观点为核心，将海岸带认定为除海洋地域和陆地地域之外的第三种地域，对海岸线资源实行综合性的管理，以实现韩国海岸线资源的可持续利用，海岸带区域的可持续发展。以下为韩国的海岸线资源综合管理体制建立过程、《海岸带管理法》和《海岸带综合管理规划》的介绍。

#### 1. 韩国海岸线资源综合管理体制建立过程

基于提高韩国海岸带生态环境质量，实现海岸线资源开发、合理利用的战略目标，1992 年韩国《第三次国土综合开发规划》对海岸带管理法的制定意向和框架做出了阐述。为了建立完善的海岸线资源管理体制制度，1996 年 1 月，韩国的《海洋开发基本规划》将海岸线资源综合管理列为八项课题之一，同时韩国也开始制定《海岸带管理法》和《海岸带综合管理规划》。为加快制定《海岸带管理法》和《海岸带综合管理规划》，1996 年 2 月至 1998 年 8 月，韩国组织相关部门对海岸线资源进行了两次基础考察，并成立法律草案制定工作组，以使《海岸带管理法》和《海岸带综合管理规划》草案顺利完成。同时，1996 年 8 月的韩国海洋水产部的建立，也对《海岸带管理法》和《海岸带综合管理规划》草案编制起到了促进作用。

1998 年 7 月，韩国的《海岸带管理法》正式颁布；2000 年 2 月，基于《海岸带管理法》公布了《海岸带综合管理规划》；2001 年 1 月，为了确保海岸线资源管理的顺利实施，韩国又出台了《海岸带管理区域规划方针》。同时，韩国政府也对海岸线资源管理人员较为关注，2000～2001 年韩国对地方的社会组织、区域公务员、环境保护团体进行了多次海岸线资源综合管理培训，这对海岸线资源管理人员的业务能力起到了提升作用。至此，韩国一方面具备了海岸线资源管理的配套法律制度，另一方面又拥有了一批通熟海岸线资源管理业务的专业人员，这使韩国的海岸线资源合理开发、有效保护的目标有了实现的可能性。

2. 韩国《海岸带管理法》制定与内容介绍

海岸线资源管理涉及多部门内容，单一部门的法规法令不能有效对海岸线资源实施管理。基于此，韩国相关专家提出了将海岸带的海洋区域和陆地区域进行综合管理管控的意见，这推动了《海岸带管理法》的制定。1998 年 3～5 月，韩国相关部门与社会组织、环境保护团体、学术界先后举办了三次海岸线资源综合管理研讨会。同时，1998 年 7 月召开的海岸线资源管理国会听证会上，来自社会组织、环境保护团体、学术界专家等 130 多人参加了该项会议，进行了坦诚而充分的交流。韩国政府基于海岸线资源管理各个利益相关者的建议，以及搜集的各级地方政府的意见，通过举办听证会说明，经过有关部门的充分协商，制定了韩国的《海岸带管理法》。《海岸带管理法》的制订也形成了韩国海岸线资源管理以沟通协商为基础、先规划再开发、利益相关者对话的管理模式。

韩国的《海岸带管理法》最初对韩国海岸带按照不同的功能划分为限制开发区、调整开发区、港湾管理区、暂不开发区四种类型的开发区。但在 1998 年韩国的经济部长级会议上，韩国环境部要求将海岸带中的自然公园排除在分区之外，交通部则要求将城市区域排除在海岸带分区之外，且他们均认为按照用途和功能分区的做法不合理。依据沿岸管理法而建立的海岸带管理法，要与其他法规取得方向上的一致，环境部所持不同意见经过国务调整室的调整，在沿岸综合计划里包括沿岸保护事项。另外，多数部门要求将沿岸范围最小化，是因为海岸带是海洋与陆地相连而形成的特殊资源环境带，为了海岸带资源的保护，相互联系起来的管理是绝对必要的。因此决定海岸带海域范围为 12 n mile，海岸带陆域范围为 500 m；对于港湾区域、渔港区域、工业园区域，决定将沿岸陆域范围扩大到宽度 1 km。

《海岸带管理法》中，对海岸带范围、海岸带调查、海岸带综合管理规划及海岸带管理区计划、海岸带整治等都做了规定。为了有效管理，规定每五年进行一次海岸带的基础调查。《海岸带综合管理规划》规定了海岸带陆域范围、规划的对象、海岸带管理的基本政策、海岸带环境的保护、海岸带可持续开发等，根据其他法令海岸带管理行为的限制或支援等事项。

在综合管理范围内，制定海岸带管理地区规划。为了有效地对海岸带进行整治，规定以 10 年为单位制定沿岸整治计划，该计划规定了发生灾害时保护海岸、整治被毁坏的海岸工程，即护岸、防侵蚀、防淹设施等。海岸保护工程保护或改善生态价值高的地区的沿岸海域，如保全生态，海域生态恢复，营造海滨公园、码头公园、海岸步行道等休闲空间，营造亲水的海岸带环境。

3. 韩国《海岸带综合管理规划》制定与内容介绍

韩国政府以 1996～1998 年进行的全国海岸带调查为基础，实施了委托研究，并于 1999 年 2 月制定了《海岸带综合管理规划》草案。2001 年 5 月，草案与有关部门及社会团体协商。在协商、调整期间，取得了对海岸带管理法及综合管理规划的理解和一致的意见。为提高海岸带综合管理的综合性，保证实效，2000 年 2 月召开了以 11 个广域市、道及 78 个沿岸市、郡、区的海岸带管理者和有关公务员为对象的 10 次政策说明会。通过听证、协商制定的《海岸带综合管理规划》草案，于 2000 年 6 月经中央海岸带管理审议会的审议、批准；同年 8 月得到环境保护委员会的审议和批准，《海岸带综合管理国家规划》出台了。该规划的制定，意味着海岸带可持续利用、开发及保护的基本框架已形成。

《海岸带综合管理规划》的主要内容一共分为 5 个部分。第一，将江华岛南端滩涂等 9 个区域指定为湿地保护区，限制建筑工程的新建或变更，限制引起湿地水位变化；将 59 个有生态价值及自然景观秀丽的无人岛屿指定为特定岛屿预留区，禁止铺设道路、开垦、疏浚及围海造田等；将 22 个沿岸主要候鸟栖息地指定为鸟类保护区，限制人的出入与鸟兽捕获；将濒危野生动物栖息地、过境地或富有生物的 52 个沿岸区域指定为生态保护区，禁止采取土石、捕获和采集野生动植物，以便沿岸生物带化，能够集中管理沿岸生态系统。第二，将清洁海域规定为环境保护海域以保护沿岸环境，将污染严重海域规定为特别管理海域，限制设置产生污染物的设施等，努力改善环境。第三，废除第 1 次公共水面填埋基本计划（1991～2001 年）上的仁川市江华地区等由于开发推迟或对环境损害大而与沿岸综合管理计划方向不符的 61 个地区填埋计划；取消地方社会团体的群山海上城市计划等 26 个沿岸开发计划，防止海岸带乱开发。第四，纠正防灾中心单纯的恢复设施的做法，使防灾职能多样化，使之能够履行亲水职能，从遭灾后恢复为主的海岸带防灾转变为以预防为中心的海岸带保护，以加强沿岸整治的效果。第五，利用滩涂、候鸟过境地，营造生态公园和港湾亲水空间，提出全国 54 个亲水区域，原则上禁止损坏海岸带景观或在公共水面内新建和改建阻碍海流、海砂流动的行为，保护市民接近海岸的权利及满足国民对各种海洋休闲文化的要求。

### 10.2.3　澳大利亚海岸线管理经验

澳大利亚，其领土面积为 769.2 万 $km^2$，位于南太平洋和印度洋之间，四面环海，地域辽阔，是世界上唯一国土覆盖一整个大陆的国家，海岸线总长度达 20 125 km，在全球排名第三，海岸线资源丰富。澳大利亚对海岸线资源也具有丰富的管理经验，形成了鲜明的海岸线管理特点，主要有以下五方面。

#### 1. 强调生态保护理念

澳大利亚在海岸线资源相关政策制定、管理的过程中，往往将海岸带生态系统保护放在第一位。例如，澳大利亚在海岸带的陆域部分，以国家公园和国家植物园的形式建立了一大批自然保护区；在海岸带的海域部分，也以海洋公园、海洋保护区的形式建立自然保护区，并统筹全国的海岸线资源保护系统，对海岸线资源的开发与保护实行统一化的严格管理。20 世纪 90 年代，澳大利亚政府开启了海洋自然保护区的互联计划，主要是为了便于统一管理，建立点-线-面结合的海洋自然保护区的互联体系，保证各个海洋自然保护区的互联互通。在海洋自然保护区内，对人类活动的管制大大加强，如禁止渔业活动、禁止破坏环境、严厉限制开发等，这是海洋自然保护区生态系统稳定的基础。例如，维多利亚州在海洋自然保护区申报和政策实施期间，所有的人类活动均须国家海洋公园的主管部门批准才能进行，不同的人类活动将会颁发不同的人类活动许可证。值得一提的是，2002 年维多利亚州经过多年准备和完善，建成了完善的海洋自然保护区互联体系，将"禁止人类活动"的海洋自然保护区范围扩大到原有的 100 倍，约占维多利亚州 5%的海域面积。

#### 2. 重视海岸线资源法律建设

澳大利亚对海岸线资源管理的开始时间较早。1979 年，澳大利亚颁布了《海岸协定书》，在《海岸协定书》中规定，3 n mile 以内、海岸线以外的海域由各个州管辖，各个州可以在该海域制定相关州立法律，而 3 n mile 以外的海域和专属经济区则由联邦政府管辖（方春洪等，2018）。通常，除外交、国防、海关等较大的国家性事务，3 n mile 以内、海岸线以外海域的相关法律均由各个州制定（谢子远和闫国庆，2011）。《海岸协定书》对联邦和州的海岸线资源管辖范围做出了明确规定，在管辖权利上，赋予了各州较大的权力，这样可以使澳大利亚各个州能够结合自身海岸线资源的实际来制定适宜的海岸线资源管理相关法律。

1992 年澳大利亚联邦政府推行颁布的《国家生态永续发展战略》将生态可持续发展原则进行了明确，确立了生态可持续发展的重要性，这也成为 20 世纪 90

年代后澳大利亚联邦政府制定海岸线资源管理相关政策和法律的理念基础。1998
年,澳大利亚联邦政府又颁布了《澳大利亚海洋政策》,该政策分为海洋政策内容
和部门实施情况两大部分,涉及将近 20 个领域,如生物多样性保护、航运条例、
海洋污染防治、渔业活动管控、海洋事务执法等(Tsamenyi and Kenchington, 2012)。
现如今,澳大利亚的海岸线资源管理法律体系已经相当完备,海洋事务相关法律
约 600 部,对国际海洋法大多数条款持承认态度,承认《联合国海洋法公约》,海
岸线资源管理可以做到有法可循。

　　同时,在海岸线资源管理相关法律的制定上,澳大利亚联邦政府始终重视对
海岸带区域的生物多样性保护,为保护生物栖息地免遭人类活动破坏,联邦政府
还专门制定了海岸带生态环境保护相关法律。比较典型的是 1999 年颁布的《环境
与生物多样性保护法案》,以及 2000 年制定的《环境与生物多样性保护规则》,这
两个法案规定了保护海洋生物栖息地的具体措施,特别强调了对洄游海洋生物的
保护(蒋小翼, 2013)。

　　3. 重视建立海岸线资源管理机构

　　1)海岸线资源管理机构
　　1998 年,随着《澳大利亚海洋政策》的颁布,澳大利亚联邦政府以环境部、
渔业部、旅游部等部门部长为主体,成立了国家海洋部长级委员会,其职责是对
海岸线资源相关管理政策和措施的执行情况进行监督,海洋管理委员会、国家海
洋咨询小组则负责海岸线资源管理的具体任务。国家海洋部长级委员会受澳大利
亚联邦政府直接管辖,每个年度须向联邦总理汇报海岸线资源管理的实际状况。
　　2)海岸线资源学术研究机构
　　澳大利亚对海岸线资源的学术研究机构建设也较为重视,如澳大利亚的海洋
科学研究所、澳大利亚地质调查机构、资源科学局等,都有海岸线资源相关研究。
众多的海岸线资源研究机构有利于澳大利亚联邦政府快速获取海岸线资源的相关
详细信息,这将为澳大利亚联邦政府的海岸线资源管理相关政策的制定提供有力
的支撑。

　　4. 海岸线资源分区规划与管理

　　澳大利亚的海岸线资源空间规划开始相对较早。1975 年,澳大利亚联邦政府
即颁布《大堡礁海洋公园法案》,在该法案中首次提出分区规划的理念,不过未能
详细描述,只有一个框架性的成果。时隔三十年,2004 年,《大堡礁海洋公园分
区规划》正式实施,这个规划对分区规划做出了详尽而细致的介绍。在规划中,
基于陆地生态圈将大堡礁海洋公园一共划分为八个相关管理区域(表 10.2),八个
区域的范围及边界以地理经纬度进行标识,对每个区域的管理目标、允许的人类

活动、禁止的人类活动、限制的人类活动也进行了详细规定，限制的人类活动须获得相关管理部门的许可证方能实施。基于生态系统稳定性的大堡礁海洋公园分区管理规划为大堡礁海洋公园的海岸带生态环境治理、生物资源保护奠定了法律和制度基础。

表 10.2　大堡礁海洋公园分区管理目标

| 区域类型 | 管理目标 |
| --- | --- |
| 一般使用区 | 为海洋公园提供保护区域的同时也提供合理的利用机会 |
| 栖息地保护区 | 通过保护和管理敏感栖息地，使海洋保护区免于潜在的破坏活动 |
| 河口保护区 | 为海洋公园在低水位以上的水域提供保护；为联邦政府提供该区的使用；提供与区域价值一致的设施 |
| 公园保护区 | 为海洋公园提供保护区域的同时也提供合理的使用和享受机会，包括有限的采掘活动 |
| 缓冲区 | 为保护区域的自然完整性和价值提供保障，一般不进行采掘活动；在相对不受干扰的区域允许体现海洋公园价值的活动和捕捞 |
| 科学研究区 | 为保证海洋公园的自然完整性和价值，一般不进行采掘活动；在未受干扰的区域提供科学研究的机会 |
| 国家海洋公园区 | 为保证海洋公园的自然完整性和价值，一般不进行采掘活动；在未受干扰的区域提供某些活动的机会，包括体现海洋公园的价值 |
| 保存区 | 该保护区分区的计划目标是提供保护海洋公园的自然完整性和价值，一般不受人类活动的干扰 |

通过将区域内的人类活动划分为 17 个类型，大堡礁海洋公园在划分的八个管理区内详细规定了禁止的活动、允许的活动和限制的活动。以一般使用区为例，在该区域内船只通行、潜水娱乐、垂钓捕鱼、渔网捕捞等活动都允许进行，而水产养殖、捕捞海胆和水族馆鱼类、旅游活动等则需要相关主管部门的许可证方可进行。

### 5. 提升社会参与海岸线资源管理的水平

1）社区直接参与

通过建立海岸带顾问小组（CRG），在社区内两个月内召开五次公众讨论会议，考虑所有的相关公众讨论文件，并通过一定的调查方式积极征求社区的意见，经过汇总，发布当地的海岸线资源管理建议书，实现社区直接参与海岸线管理的目的。该建议书会发放到参与海岸线管理讨论的公民手里，也会向海岸线资源管理的利益相关者发放，以使海岸线资源管理对公众透明。

2）社区组织活动

澳大利亚关于海岸线资源的社区组织活动丰富，如社区组织对海岸线资源的生态环境进行保护工作、海岸带潜水组织关注珊瑚礁的生长健康；海洋渔业协会对区域渔业捕捞等行为进行管控。澳大利亚联邦政府颁布的《国家海岸行动计划》关注了社区对海岸线资源管理的作用，以社区为单位的海岸线资源保护与管理活动得到了政府的关注和资助。以海岸保护为主题的项目包括：海岸线资源工具项目，为海岸带陆域的海岸管理人员提供必要的工具；海岸带植被恢复项目；海岸带工作人员的娱乐项目等。海岸保护项目的成员主要来自环境保护团体、当地服务团体、社区志愿者等，这些成员是澳大利亚海岸线资源保护的核心力量。

3）海岸线资源旅游开发

澳大利亚注重以海岸带旅游的形式来教育并唤醒公众对海岸线资源的保护意识。以维多利亚公园为例，其主题是"健康公园，健康民众"，欢迎当地人和游客进入公园，人们进入维多利亚公园进行不对海岸线资源环境破坏的休闲娱乐活动，如散步、骑行、潜水等，以加深人们与海岸线资源的接触，形成自觉的海岸线资源保护意识。维多利亚公园以宣传海岸线资源保护为目的，也主动举办公益性的旅游活动。例如，在2017~2018年，为应对海洋害虫对公园的海岸带环境的侵袭，维多利亚公园提出了海洋害虫调查项目，该项目包含以下内容：控制海洋害虫扩散产品的开发、海洋生物入侵的轨迹调查、海洋害虫扩散原因调查等。维多利亚公园举办这样的公益性活动，使公众在享受旅游活动的同时，也参与了海岸线资源保护，建立起海岸线生态保护的理念。

## 10.2.4　荷兰海岸线管理经验

### 1. 海域和陆域的统筹管理

海域和陆域实行统一管理是荷兰空间规划的一大特色。荷兰的空间规划体系包括国家、区域和地方3个层面，具有自上而下的高度管制性，并以《空间规划法》等一系列法律法规作为保障。在国家层面，荷兰对海域和陆地国土进行统筹，高度重视陆海功能的衔接，并在陆域空间规划中明确了海岸带管理区的范围。

在海岸带管理区的空间管理上，荷兰更是对海域空间的活动做出了具体的指引。以北海为例，针对其海域的空间活动，国家管理部门提出以下任务：保护水上航道的顺畅和安全流动；保证海岸带三角洲计划的实施，保护基岩岸线；保护海洋生态系统和自然保护区；为军演创造空间；保证向海12 n mile的开阔视线；保证海底管线的输送功能；指定采沙和补沙的空间范围；指定风电、石油等能源的开采空间；保护考古价值等。

在海岸带管理区的空间规划上，不仅要求在保障沿岸安全的情况下创造岸线的丰富性和可持续性，保护和发展海岸生态、游憩、商业捕鱼、港口及航运等相关产业，还提出次级海岸计划的重点是为海岸线和其他产业发展创造长期、安全的策略环境。

2. "双线平衡"的管理模式

"双线平衡"的管理模式是处理保护和发展矛盾的有效手段之一。以南荷兰省为例，其空间共划分为以下几种类型：城市网络、绿色结构、城市绿心、三角洲地区、海岸带区域、绿色港口和主要港口等，每种空间类型下包含多种用地小类，且各个空间类型间的用地小类并不是孤立的，彼此间存在交叉融合。

海岸带区域分布有城乡、港口和滩涂等，对于这些用地小类，荷兰在不同空间依据对应的政策加以管制。为了保存生态空间和农用地、促进城镇化的集中发展，荷兰的海岸带区域规划通过红线和绿线予以规范。其中，红线内的城市应紧凑发展，新建建筑必须在红线内；而绿线围绕乡村划定，禁止在绿线内进行开发；红线、绿线之间的平衡区则允许以改善性质为目的的小规模村庄开发。通过红线、绿线和平衡区的引导，除了保证海岸带空间的有序开发之外，也保证了城乡空间的差异性和多样性，并提高了环境质量。

3. 海岸带区域土地的定制化管理

荷兰的三级政府都有一定程度的自治权，但彼此并不会采取互相矛盾的行动。在荷兰的整个规划体系中，只有地方土地利用规划具有法律强制性，故地方层面可以在上层规划指导下开展结构规划和土地利用规划。荷兰并没有全国统一的土地分类标准，对地方海岸带区域的土地利用规划必须覆盖的范围大小也没有规定。因此，市镇可以根据海岸带区域每一块土地具体的使用情况拟定土地用途和应遵守的规则。这些地块可以是单一功能，也可以是多种功能的混合，由此增加了海陆空间布局的灵活性。除了土地用途外，还需附加使用规则，如体量、高度及建筑密度等具体控制内容。

# 10.3　浙闽沿海岸线利用与保护的对策建议

## 10.3.1　科学布局新建化工园区，整治现有园区

目前部分重点涉污化工企业已经搬入浙闽沿海化工园区统一管理，但仍存在小型化工产业分散在人口聚集地或生态敏感区附近的现象，对环境造成不利影响。对于新建化工园区，建议从生态环境安全、环境资源承载力角度进行分析，针对浙闽沿海化工业研究制定选址、产业规划和准入条件等相关环境管理政策，优化利用土地资源，保护沿海岸线敏感性，将环境相容性作为强制性规划要求，科学布局新建化工园区，同时开展现有园区的综合回顾评价，推进园区清理整顿。针对浙闽沿海岸线情况，查找环境安全隐患与生态敏感区，主要包括城乡规划布局、

饮用水源、生态风险区、化学品生产与贮存、危险品的运输及管道铺设等基础设施布局存在的环境安全隐患和生态风险隐患,组织地方政府及化工园区进行自查,对生态敏感区和人口密集区的涉危涉化企业进行产业升级改造和转移。

目前,浙闽沿海的化工企业呈现分散的格局,分别进行管控和治污将造成极大的资源浪费,且效率低下,应统筹化工企业入园统一管理。园区建设配套的专业污水处理厂,进行废水预处理,同时实施污水分类收集、分质处理。结合目前重点沿海园区污水处理厂应配置高级氧化等强化处理工艺,去除难降解有毒有害污染物后再进行排放。对于危险废物,园区应配套建设相应的处置能力,建立实时追踪系统,实现就近及时安全处置。

同时,统筹推行绿色化工产业,废弃物资源化。在浙闽沿海化工区建立上下游产业链,保证在生产化工产品的过程中,对生产过程进行优化集成,从工艺源头上运用环保的理念,充分利用园区优势进行统筹,对废弃物进行资源化与再利用,降低化工产业的成本与消耗,且减少废弃物的排放和产品在生命周期中对环境的污染。政府应鼓励发展和完善绿色化工技术,将通过"变废为宝"和"清洁生产",实现资源开发利用的一体化,使浙闽沿海化工园区实现循环经济,减少对环境的危害。

### 10.3.2　协调产业布局沿海关系,设置缓冲空间

沿海港口是发展海洋经济的重要依托,是推动海洋经济大发展的重要突破口。应当将海港建设于更加突出的位置,以港口建设为龙头,推动沿海地区基础设施水平迈上新台阶。海港建设的一个重要目的就是依托港口大力发展临港产业,尤其是重化工业。应当从浙闽沿海地区经济结构调整的战略大局出发,将基础产业重大项目向沿海地区倾斜;同时,加强浙闽沿海地区基础产业带的调整,促进部分基础产业项目逐步向沿海地区转移,以争取更大的发展空间。

第一,要强化海洋优势产业发展。积极调整渔业内部结构,突出发展海水养殖和水产品深加工,开发高价值、高技术含量产品。第二,对沿海农业进行战略性调整。加快发展畜牧业、水产业、水果业,优化结构、增加品种、改善质量,培植新型主导产业,构建区域特色农业体系。第三,大力发展新兴海洋产业。海洋生物工程、海洋医药工业等是新兴产业,具有技术附加值高、回报率高、发展潜力大等特点,应当优先培育,重点发展;同时,积极利用天然气发电和潮汐能、风能、太阳能发电,加快发展新能源产业。第四,加快发展滨海旅游业。充分挖掘浙闽沿海丰富的旅游资源,形成独特的滨海旅游风光带;同时,加大市场开发力度,改善旅游环境,提高服务质量。

结合生态风险区、生态敏感岸线和人口密集区提出产业布局评价约束,在工业用地与三者之间设置一定的缓冲空间,减少浙闽沿海化工企业对环境敏感区的

负面影响，降低风险。同时，也可以减少生态风险区对工业园区的制约，使化工产业与浙闽沿海地区环境协调发展。严格限制高污染、高风险化工产业集聚区周边的空间管制，可设置风险带和管控带，有针对性地提出不同级别的管控要求。另外，危化品仓储用地、危化品的运输及管道铺设、重污染化工业项目用地必须与城乡建设用地等设置足够的安全缓冲区，避免生产生活混合的不合理现象，促进人居环境与产业规划相协调。

### 10.3.3　合理利用海岸带资源，强化海岸带环境保护

必须十分珍惜和有效利用浙闽沿海地区生物、岸线、能源、土地、陆地水等宝贵资源，采取有效措施坚决制止自然资源的浪费和破坏，严禁盲目围垦海涂、过度捕捞等损害性活动。强化海岸带环境保护，是实现可持续发展的必然要求，也是应有内容。应当合理调整浙闽沿海经济结构与布局，加大对海洋工程、海岸工程的管理力度，严格限制高污染项目在重点海域沿岸的布点，加强对入海口排污总量的控制，建立入海口湿地生态处理系统。加快浙闽沿海城镇污水处理工程建设，严格控制陆源污染，降低各类污染物的入海量，改善海水水质。加强近岸海域环境管理，推行排污许可证制度，控制工业、农业、生活和海水养殖污染。

### 10.3.4　完善海岸带法规体系，规范海岸带行政管理

要加强海洋和海岸带立法工作，不断完善海洋法规体系，为浙闽沿海地区海岸带资源环境管理创造一个良好的法制环境。依据法律法规，健全海洋资源环境保护体系，完善监察制度，规范执法程序，加大海上执法监察力度，从严处理破坏资源、污染环境的行为。为了加强海岸带综合管理，浙闽两省相继出台滩涂开发利用管理办法与海岸带管理条例，但关于海岸带管理的实施办法一直未出台，管理部门未明确。随着人们对海岸带资源开发实践和认识的不断提高，有必要对有关法规进行及时修订和补充，并制定实施细则和管理办法，使其便于操作，特别要落实好执法部门，强化执法力度。

同时，积极防御各种海岸带灾害是减少其损失的最有效措施。针对浙闽沿海地区海岸带自然灾害的实际状况，尤其应当建设防御风暴潮和洪涝灾害的减灾防灾体系。通过建设海堤、防洪闸等设施，减少农田淹没、房屋倒塌、桥梁冲毁、人员伤亡等损失。虽然海岸堤防等防灾体系的建设投资巨大，但是一旦建成便可以长期发挥效益，其投资与效益比非常可观。地理信息系统是实现综合性海洋管理的有效手段。利用海岸带管理信息系统进行海平面变化预测、海岸带侵蚀分区，预测预报未来浙闽两省海岸线的变化。建立各类海洋灾害信息库，制定海岸侵蚀减灾计划，提高海洋灾害的预警预报能力。

# 参 考 文 献

阿依吐尔逊·沙木西, 刘新平, 祖丽菲娅·买买提, 等. 2019. 西部绿洲城市土地利用转型的生态环境效应——以乌鲁木齐市为例. 农业资源与环境学报, 36(2): 149-159.

蔡运龙. 2001. 土地利用/土地覆被变化研究: 寻求新的综合途径. 地理研究, 20(6): 645-652.

陈洪全. 2010. 海岸线资源评价与保护利用研究——以盐城市为例. 生态经济, 1: 174-177.

陈金瑞, 陈学恩. 2012. 近 70 年胶州湾水动力变化的数值模拟研究. 海洋学报(中文版), 34(6): 30-41.

陈婧, 史培军. 2005. 土地利用功能分类探讨. 北京师范大学学报(自然科学版), 41(5): 536-540.

陈晓红, 周宏浩. 2018. 城市化与生态环境关系研究热点与前沿的图谱分析. 地理科学进展, 37(9): 1171-1185.

陈逸. 2012. 区域土地开发度评价理论、方法与实证研究. 南京: 南京大学.

程鹏. 2018. 滨海城市岸线利用方式转型与空间重构——巴塞罗那的经验. 国际城市规划, 33(3): 133-140.

褚琳, 黄翀, 刘庆生, 等. 2015. 2000—2010 年辽宁省海岸带景观格局与生境质量变化研究. 资源科学, 37(10): 1962-1972.

崔峰. 2013. 城市边缘区土地利用变化及其生态环境响应. 南京: 南京农业大学.

崔佳, 臧淑英. 2013. 哈大齐工业走廊土地利用变化的生态环境效应. 地理研究, 32(5): 848-856.

崔胜辉, 洪华生, 张珞平, 等. 2004. 全球变化下的海岸带生态安全问题与管理原则. 厦门大学学报(自然科学版), 43(B08): 173-178.

丁偌楠, 王玉梅. 2017. 近 40 年烟台市海岸线及近岸土地利用变化与生态服务价值效应分析. 水土保持研究, 24(1): 322-327.

段学军, 陈雯, 朱红云, 等. 2006. 长江岸线资源利用功能区划方法研究——以南通市域长江岸线为例. 长江流域资源与环境, 15(5): 621-626.

段学军, 王晓龙, 邹辉, 等. 2020. 长江经济带岸线资源调查与评估研究. 地理科学, 40(1): 22-31.

段学军, 邹辉, 陈维肖, 等. 2019. 岸线资源评估、空间管控分区的理论与方法——以长江岸线资源为例. 自然资源学报, 34(10): 2209-2222.

范学忠, 袁琳, 戴晓燕, 等. 2010. 海岸带综合管理及其研究进展. 生态学报, 30(10): 2756-2765.

方创琳, 黄金川, 步伟娜. 2004. 西北干旱区水资源约束下城市化过程及生态效应研究的理论探讨. 干旱区地理, 27(1): 1-7.

方创琳, 蔺雪芹. 2010. 武汉城市群空间扩展的生态状况诊断. 长江流域资源与环境, 19(10): 1211-1218.

方春洪, 刘堃, 滕欣, 等. 2018. 海洋发达国家海洋空间规划体系概述. 海洋开发与管理, 35(4): 51-55.

冯永玖, 韩震. 2012. 海岸线遥感信息提取的元胞自动机方法及其应用. 中国图象图形学报, 17(3): 441-446.

高义, 苏奋振, 周成虎, 等. 2011. 基于分形的中国大陆海岸线尺度效应研究. 地理学报, 66(3): 331-339.

宫立新, 金秉福, 李健英. 2008. 近 20 年来烟台典型地区海湾海岸线的变化. 海洋科学, 32(11): 64-68.

郭素君, 张培刚. 2008. 从观澜看深圳市特区外土地利用转型的必然性. 规划师, 24(8): 72-77.

侯西勇, 毋亭, 侯婉, 等. 2016. 20 世纪 40 年代初以来中国大陆海岸线变化特征. 中国科学: 地球科学, 46(8): 1065-1075.

姜大伟, 范剑超, 黄凤荣. 2016. SAR 图像海岸线检测的区域距离正则化几何主动轮廓模型. 测绘学报, 45(9): 1096-1103.

姜文来, 杨瑞珍. 2003. 资源资产论. 北京: 科学出版社.

蒋小翼. 2013. 澳大利亚联邦成立后海洋资源开发与保护的历史考察. 武汉大学学报(人文科学版), 66(6): 53-57.

康波, 林宁, 徐文斌, 等. 2017. 基于遥感和 GIS 的长岛南五岛近 30 年海岸线时空变迁分析. 海洋通报, 36(5): 585-593.

柯丽娜, 曹君, 武红庆, 等. 2018. 基于多源遥感影像的锦州湾附近海域围填海动态演变分析. 资源科学, 40(8): 1645-1657.

李晓炜, 赵建民, 刘辉, 等. 2018. 渤黄海渔业资源三场一通道现状、问题及优化管理政策. 海洋湖沼通报, 164(5): 147-157.

李晓文, 方创琳, 黄金川, 等. 2003. 西北干旱区城市土地利用变化及其区域生态环境效应——以甘肃河西地区为例. 第四纪研究, 23(3): 280-290.

李秀彬. 2008. 农地利用变化假说与相关的环境效应命题. 地球科学进展, 23(11): 1124-1129.

李秀彬, 赵宇鸾. 2011. 森林转型、农地边际化与生态恢复. 中国人口·资源与环境, 21(10): 91-95.

李亚宁, 谭论, 张宇龙, 等. 2014. 我国海域使用现状评价. 海洋环境科学, 33(3): 446-450.

梁流涛, 雍雅君, 袁晨光. 2019. 城市土地绿色利用效率测度及其空间分异特征——基于 284 个地级以上城市的实证研究. 中国土地科学, 33(6): 80-87.

刘百桥, 孟伟庆, 赵建华, 等. 2015. 中国大陆 1990—2013 年海岸线资源开发利用特征变化. 自然资源学报, 30(12): 2033-2044.

刘杜娟. 2004. 中国沿海地区海水入侵现状与分析. 地质灾害与环境保护, 15(1): 31-36.

刘浩, 张毅, 郑文升. 2011. 城市土地集约利用与区域城市化的时空耦合协调发展评价——以环渤海地区城市为例. 地理研究, 30(10): 1805-1817.

刘纪远, 张增祥, 徐新良, 等. 2009. 21 世纪初中国土地利用变化的空间格局与驱动力分析. 地理学报, 64(12): 1411-1420.

刘平辉, 郝晋珉. 2003. 土地利用分类系统的新模式——依据土地利用的产业结构而进行划分的探讨. 中国土地科学, 17(1): 16-26.

刘旭拢, 邓孺孺, 许剑辉, 等. 2017. 近 40 年来珠江河口区海岸线时空变化特征及驱动力分析. 地球信息科学学报, 19(10): 1336-1345.

刘艳军, 于会胜, 刘德刚, 等. 2018. 东北地区建设用地开发强度格局演变的空间分异机制. 地理学报, 73(5): 818-831.

刘耀彬, 李仁东, 宋学锋. 2005a. 中国区域城市化与生态环境耦合的关联分析. 地理学报, 60(2): 237-247.

刘耀彬, 李仁东, 张守忠. 2005b. 城市化与生态环境协调标准及其评价模型研究. 中国软科学, 5: 140-148.

刘永超, 李加林, 袁麒翔, 等. 2016. 人类活动对港湾岸线及景观变迁影响的比较研究——以中国象山港与美国坦帕湾为例. 地理学报, 71(1): 86-103.

龙花楼. 2015. 论土地利用转型与土地资源管理. 地理研究, 34(9): 1607-1618.

龙花楼, 李秀彬. 2002. 区域土地利用转型分析——以长江沿线样带为例. 自然资源学报, 17(2): 144-149.

龙花楼, 李秀彬. 2005. 长江沿线样带农村宅基地转型. 地理学报, 60(2): 179-188.

骆永明. 2016. 中国海岸带可持续发展中的生态环境问题与海岸科学发展. 中国科学院院刊, 31(10): 1133-1142.

马田田, 梁晨, 李晓文, 等. 2015. 围填海活动对中国滨海湿地影响的定量评估. 湿地科学, 13(6): 653-659.

倪绍起, 张杰, 马毅, 等. 2013. 基于机载 LiDAR 与潮汐推算的海岸带自然岸线遥感提取方法研究. 海洋学研究, 31(3): 55-61.

慎佳泓, 胡仁勇, 李铭红, 等. 2006. 杭州湾和乐清湾滩涂围垦对湿地植物多样性的影响. 浙江大学学报(理学版), 33(3): 324-328.

宋小青, 吴志峰, 欧阳竹. 2014. 耕地转型的研究路径探讨. 地理研究, 33(3): 403-413.

宋永鹏, 张宇, 元媛, 等. 2019. 中原城市群核心区城市用地扩张的生态环境效应. 河南大学学报(自然科学版), 49(1): 13-25.

孙品. 2017. 近 30 年上海海岸带土地利用变化分析与建模预测. 上海: 中国科学院大学(中国科学院上海技术物理研究所).

索安宁, 张明慧, 于永海, 等. 2012. 曹妃甸围填海工程的海洋生态服务功能损失估算. 海洋科学, 36(3): 108-114.

田俊峰, 王彬燕, 王士君. 2019. 东北三省城市土地利用效益评价及耦合协调关系研究. 地理科学, 39(2): 305-315.

王常颖, 王志锐, 初佳兰, 等. 2017. 基于决策树与密度聚类的高分辨率影像海岸线提取方法. 海洋环境科学, 36(4): 590-595.

王传胜. 1999. 长江中下游岸线资源的保护与利用. 资源科学, 21(6): 66-69.

王宏亮. 2017. 城镇化背景下建设用地利用强度研究. 北京: 中国农业大学.

王李娟, 牛铮, 赵德刚, 等. 2010. 基于 ETM 遥感影像的海岸线提取与验证研究. 遥感技术与应用, 25(2): 235-239.

王曙光, 王勇智, 鲍献文. 2008. 我国海域使用后评价体系的研究. 台湾海峡, 27(2): 262-266.

文超祥, 刘圆梦, 刘希. 2018. 国外海岸带空间规划经验与借鉴. 规划师, 34(7): 143-148.

吴良斌. 2013. SAR 图像处理与目标识别. 北京: 航空工业出版社: 21-22.

吴培强, 张杰, 马毅, 等. 2018. 2010—2015 年环渤海海岸线时空变迁监测与分析. 海洋科学进展, 36(1): 128-138.

谢子远, 闫国庆. 2011. 澳大利亚发展海洋经济的经验及我国的战略选择. 中国软科学, 9: 18-29.

徐彩瑶, 濮励杰, 朱明. 2018. 沿海滩涂围垦对生态环境的影响研究进展. 生态学报, 38(3): 1148-1162.

徐进勇, 张增祥, 赵晓丽, 等. 2013. 2000—2012 年中国北方海岸线时空变化分析. 地理学报, 68(5): 651-660.

闫梅, 黄金川. 2013. 国内外城市空间扩展研究评析. 地理科学进展, 32(7): 1039-1050.

杨桂山, 施少华, 王传胜, 等. 1999. 长江江苏段岸线利用与港口布局. 长江流域资源与环境, 8(1): 17-22.

杨雷, 孙伟富, 马毅, 等. 2017. 近 10 年珠海海岸带海岸线时空变化遥感分析. 海洋科学, 41(2): 20-28.

杨清可, 段学军, 李平星, 等. 2017. 江苏省土地开发度与利用效益的空间特征及协调分析. 地理科学, 37(11): 1696-1704.

杨永春, 杨晓娟. 2009. 1949—2005 年中国河谷盆地型大城市空间扩展与土地利用结构转型——以兰州市为例. 自然资源学报, 24(1): 37-49.

尧德明, 陈玉福, 张富刚, 等. 2008. 海南省土地开发强度评价研究. 河北农业科学, 12(1): 86-87.

易湘生, 王静爱, 岳耀杰. 2008. 基于沙区土地功能分类的土地利用变化与模式研究——以陕北榆阳沙区为例. 北京师范大学学报(自然科学版), 44(4): 439-443.

于彩霞, 王家耀, 黄文骞, 等. 2017. 基于 LiDAR 点云提取海岸线的二值图像化改进方法. 武汉大学学报(信息科学版), 42(7): 897-903.

虞孝感. 1997. 长江产业带的建设与发展研究. 北京: 科学出版社.

虞孝感. 2003. 长江流域生态环境建设与经济可持续发展研究. 北京: 科学出版社.

袁兴中, 陆健健. 2001. 围垦对长江口南岸底栖动物群落结构及多样性的影响. 生态学报, 21(10): 1642-1647.

岳健, 张雪梅. 2003. 关于我国土地利用分类问题的讨论. 干旱区地理, 26(1): 78-88.

张斌, 袁晓, 裴恩乐, 等. 2011. 长江口滩涂围垦后水鸟群落结构的变化——以南汇东滩为例. 生态学报, 31(16): 4599-4608.

张琳琳. 2018. 转型期中国城市蔓延的多尺度测度、内在机理与管控研究. 杭州: 浙江大学.

张谦益. 1998. 海港城市岸线利用规划若干问题探讨. 城市规划, 2: 50-52.

张永军, 吴磊, 林立文, 等. 2010. 基于 LiDAR 数据和航空影像的水体自动提取. 武汉大学学报
(信息科学版), 35(8): 936-940.

张玉新, 侯西勇. 2020. 国际海岸线变化研究进展综述——基于文献计量学方法. 应用海洋学学
报, 39(2): 289-301.

张云, 宋德瑞, 张建丽, 等. 2019. 近 25 年来我国海岸线开发强度变化研究. 海洋环境科学,
38(2): 251-255.

张云, 张建丽, 李雪铭, 等. 2015. 1990 年以来中国大陆海岸线稳定性研究. 地理科学, 35(10):
1288-1295.

赵丹阳, 佟连军, 仇方道, 等. 2017. 松花江流域城市用地扩张的生态环境效应. 地理研究,
36(1): 74-84.

赵亚莉, 刘友兆, 龙开胜. 2012. 长三角地区城市土地开发强度特征及影响因素分析. 长江流域
资源与环境, 21(12): 1480-1485.

郑弘毅. 1991. 江苏连云港市海洋开发基地建设. 经济地理, 11(4): 50-54.

周炳中, 包浩生, 彭补拙. 2000. 长江三角洲地区土地资源开发强度评价研究. 地理科学, 20(3):
218-223.

周锋, 孔凡邨. 2008. 矢量型电子河道图岸线提取方法研究. 中国航海, 31(4): 327-330.

周敏, 匡兵, 陶雪飞. 2018. 空间收敛视角下中国城市土地开发强度演变特征. 经济地理, 38(11):
98-103.

周艳荣, 张巍, 宋强. 2011. 国内外海上风电发展现状及海域使用中的有关问题分析. 海洋开发
与管理, 28(7): 6-10.

周扬, 李宁, 吴文祥, 等. 2014. 1982—2010 年中国县域经济发展时空格局演变. 地理科学进展,
33(1): 102-113.

朱国强, 苏奋振, 张君珏. 2015. 南海周边国家近 20 年海岸线时空变化分析. 海洋通报, 34(5):
481-490.

朱会义, 李秀彬. 2003. 关于区域土地利用变化指数模型方法的讨论. 地理学报, 58(5): 643-650.

庄翠蓉. 2009. 厦门海岸线遥感动态监测研究. 海洋地质动态, 25(4): 13-17.

Ashton A D, Donnelly J P, Evans R L. 2008. A discussion of the potential impacts of climate change
on the shorelines of the Northeastern USA. Mitigation and Adaptation Strategies for Global
Change, 13(7): 719-743.

Blue B, Kench P S. 2017. Multi-decadal shoreline change and beach connectivity in a high-energy
sand system. New Zealand Journal of Marine and Freshwater Research, 51(3): 406-426.

Byomkesh T, Nakagoshi N, Dewan A M. 2012. Urbanization and green space dynamics in Greater
Dhaka, Bangladesh. Landscape and Ecological Engineering, 8(1): 45-58.

Cambardella C A, Moorman T B, Novak J M, et al. 1994. Field-scale variability of soil properties in central Iowa soils. Soil Science Society of America Journal, 58(5): 1501-1511.

Di X, Hou X, Wang Y, et al. 2015. Spatial-temporal characteristics of land use intensity of coastal zone in China during 2000–2010. Chinese Geographical Science, 25(1): 51-61.

Dominguez J M L, Martin L, Bittencount A. 2006. Climate change and episodes of severe erosion at the Jequitinhonha Strandplain SE Bahia, Brazil. Journal of Coastal Research, 39: 1894-1897.

Duan X, Zou H, Wang L, et al. 2021. Assessing ecological sensitivity and economic potentials and regulation zoning of the riverfront development along the Yangtze River, China. Journal of Cleaner Production, 291: 125963.

Ducrotoy J P, Pullen S. 1999. Integrated coastal zone management: Commitments and developments from an international, European, and United Kingdom perspective. Ocean & Coastal Management, 42(1): 1-18.

Ferdous N, Bhat C R. 2013. A spatial panel ordered-response model with application to the analysis of urban land-use development intensity patterns. Journal of Geographical Systems, 15(1): 1-29.

Ferrario F, Beck M W, Storlazzi C D, et al. 2014. The effectiveness of coral reefs for coastal hazard risk reduction and adaptation. Nature Communications, 5(1): 3794.

Garriga M, Losada I J. 2010. Education and training for integrated coastal zone management in Europe. Ocean & Coastal Management, 53(3): 89-98.

Getis A, Ord J K. 1992. The analysis of spatial association by use of distance statistics. Geographical Analysis, 24(3): 189-206.

Gibson J. 2003. Integrated Coastal Zone Management Law in the European Union. Coastal Management, 31(2): 127-136.

Han Q, Huang X, Shi P, et al. 2006. Coastal wetland in South China: Degradation trends, causes and protection countermeasures. Chinese Science Bulletin, 51(2): 121-128.

He Q, Bertness M D, Bruno J F, et al. 2014. Economic development and coastal ecosystem change in China. Scientific Reports, 4(1): 1-9.

Hu S, Yang H, Zhang J, et al. 2014. Small-scale early aggregation of green tide macroalgae observed on the Subei Bank, Yellow Sea. Marine Pollution Bulletin, 81(1): 166-173.

Jia H, Shen Y, Su M, et al. 2018. Numerical simulation of hydrodynamic and water quality effects of shoreline changes in Bohai Bay. Frontiers of Earth Science, 12(3): 625-639.

Kang J W. 1999. Changes in tidal characteristics as a result of the construction of sea-dike/sea-walls in the Mokpo Coastal Zone in Korea. Estuarine, Coastal and Shelf Science, 48(4): 429-438.

Kowalski K P, Wilcox D A, Wiley M J. 2009. Stimulating a Great Lakes coastal wetland seed bank using portable cofferdams: Implications for habitat rehabilitation. Journal of Great Lakes Research, 35(2): 206-214.

Lambin E F, Meyfroidt P. 2010. Land use transitions: Socio-ecological feedback versus socio-economic change. Land Use Policy, 27(2): 108-118.

Leech S, Wiensczyk A, Turner J. 2009. Ecosystem management: A practitioners' guide. Journal of Ecosystems and Management, 10(2): 1-12.

Li X, Zhou W, Ouyang Z. 2013. Forty years of urban expansion in Beijing: What is the relative importance of physical, socioeconomic, and neighborhood factors? Applied Geography, 38: 1-10.

Lie H J, Cho C H, Lee S, et al. 2008. Changes in marine environment by a large coastal development of the saemangeum reclamation project in Korea. Ocean and Polar Research, 30(4): 475-484.

Lin J, Li X. 2016. Conflict resolution in the zoning of eco-protected areas in fast-growing regions based on game theory. Journal of Environmental Management, 170: 177-185.

Manson G K, Solomon S M. 2007. Past and future forcing of Beaufort Sea coastal change. Atmosphere-Ocean, 45(2): 107-122.

Nuissl H, Haase D, Lanzendorf M, et al. 2009. Environmental impact assessment of urban land use transitions—A context-sensitive approach. Land Use Policy, 26(2): 414-424.

Olsen S B. 2003. Frameworks and indicators for assessing progress in integrated coastal management initiatives. Ocean & Coastal Management, 46(3-4): 347-361.

Pearce D. 1998. Auditing the earth: The value of the world's ecosystem services and natural capital. Environment: Science and Policy for Sustainable Development, 40(2): 23-28.

Pickaver A H, Gilbert C, Breton F. 2004. An indicator set to measure the progress in the implementation of integrated coastal zone management in Europe. Ocean & Coastal Management, 47(9-10): 449-462.

Qiu J. 2012. Chinese survey reveals widespread coastal pollution. Nature, 6: 3.

Scavia D, Field J C, Boesch D F, et al. 2002. Climate change impacts on U. S. Coastal and Marine Ecosystems. Estuaries, 25(2): 149-164.

Stanley D J, Warne A G. 1998. Nile Delta in its destruction phase. Journal of Coastal Research, 14(3): 794-825.

Sun X, Li Y, Zhu X, et al. 2017. Integrative assessment and management implications on ecosystem services loss of coastal wetlands due to reclamation. Journal of Cleaner Production, 163: 101-112.

Sun Z, Sun W, Tong C, et al. 2015. China's coastal wetlands: Conservation history, implementation efforts, existing issues and strategies for future improvement. Environment International, 79: 25-41.

Swallow S K, Wear D N. 1993. Spatial interactions in multiple-use forestry and substitution and wealth effects for the single stand. Journal of Environmental Economics and Management, 25(2): 103-120.

Swallow S K. 1994. Renewable and nonrenewable resource theory applied to coastal agriculture, forest, wetland, and fishery linkages. Marine Resource Economics, 9(4): 291-310.

Tehrany M S, Pradhan B, Jebur M N. 2013. Remote sensing data reveals eco-environmental changes in urban areas of Klang Valley, Malaysia: Contribution from object based analysis. Journal of the Indian Society of Remote Sensing, 41(4): 981-991.

Tsamenyi M, Kenchington R. 2012. Australian oceans policymaking. Coastal Management, 40(2): 119-132.

Tuan Y F. 2008. Geography, phenomenology, and the study of human nature. The Canadian Geographer, 15(3): 181-192.

Vincent J R, Binkley C S. 1993. Efficient multiple-use forestry may require land-use specialization. Land Economics, 69(4): 370-376.

Wang X, Chen W, Zhang L, et al. 2010. Estimating the ecosystem service losses from proposed land reclamation projects: A case study in Xiamen. Ecological Economics, 69(12): 2549-2556.

Yang W, Jin Y, Sun T, et al. 2018. Trade-offs among ecosystem services in coastal wetlands under the effects of reclamation activities. Ecological Indicators, 92: 354-366.

Yang Z S, Milliman J D, Galler J, et al. 1998. Yellow River's water and sediment discharge decreasing steadily. EOS, Transactions American Geophysical Union, 79(48): 589-592.